每一个新手妈妈都能
快速做出宝宝爱吃的食物

10分钟
轻松做
辅食

李菁 著

北京联合出版公司
Beijing United Publishing Co.,Ltd.

春季宝宝最爱吃的饭

蛋黄糊

南瓜奶糊

微波土豆

菠菜粥

胡萝卜粥

菠菜鸡蛋颗粒面

黑米山药百合粥

火腿藕粥

胡萝卜玉米楂粥

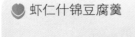 虾仁什锦豆腐羹

● 紫薯豆浆

● 粗粮饼干盆栽酸奶

● 海苔肉松面

● 迷你小比萨

● 土豆丝饼

● 鸡蛋炒鱼肉

● 小煎饺

● 吞拿鱼三明治

夏季宝宝最爱吃的饭

苹果泥

香蕉泥

西红柿米汤

烂面条

山药小米粥

水果粥

丝瓜虾皮粥

丝瓜鸡蛋疙瘩汤

黄瓜泥

冬瓜肉末面

鲜虾冬瓜

绿豆莲子粥

红豆沙

虾仁牛油果沙拉

酸奶水果沙拉

鸡蛋黄瓜面片

酸奶水果麦圈

绿豆地瓜糖水

秋季宝宝最爱吃的饭

红薯米糊

米汤胡萝卜泥

小米粥

平菇香菜粥

栗子枣泥小米粥

豆腐鸡肉香菇汤

西红柿疙瘩汤

西红柿鱼泥

虾仁香菇面

南瓜山药米粥

三文鱼饭

鲜虾蔬菜粥

南瓜燕麦粥

松仁玉米

大米冬瓜粥

西红柿炒鸡蛋

奶油南瓜汤

清蒸鳕鱼

冬季宝宝最爱吃的饭

大米粥

青菜面片

鸡肝西蓝花粥

芹菜小米粥

牛肉南瓜粥

山药胡萝卜排骨汤

肉末豆腐

鸡汤馄饨

鸭血青菜粥

胡萝卜瘦肉粥

排骨青菜面

虾仁蛋炒饭

虾皮肉末小白菜粥

鱼丸粉丝小油菜汤

南瓜土鸡汤

萝卜丝鲫鱼汤

草鱼烧豆腐

茄酱牛肉丸

让吃饭成为你和孩子最美的时光

一转眼，邦邦已经 2 岁 8 个月了。身高 100 厘米，体重 34 斤。个头超高，体重正常。

邦邦虽然年纪小，但吃饭一直都很好，从不挑食，给什么吃什么，吃什么都香。好在运动量巨大，所以不胖。

很多妈妈都问我是怎么喂养的？有没有什么窍门？为什么她的孩子从来不好好吃饭。要说的内容太多，以至于我专门写了一本书来讲辅食喂养。

简单说，一开始就要给宝宝立好吃饭的规矩，这非常关键。坚决不追喂，只在固定的时间和固定的地方提供饭菜，吃饭的时候就要让宝宝坐小餐椅，帮宝宝形成良好的用餐规律和吃饭习惯。

从开始为邦邦添加辅食的那一天起，他的每一顿饭我都会亲力亲为，悉心制作。最初的时候，不可以一次给宝宝添加多种辅食，怕引起过敏等不良反应。所以每次只选择一种食物，每种食物连吃 3 天，如果 3 天内没有出现不良反应，再开始让他尝试另外一种。

就这么一种接一种试下去，变着花样地添加，邦邦虽然小小年纪，却已经几乎尝遍了我在市面上可以找到的婴幼儿可以食用的各种食材。

精细辅食只喂了一个月，然后就开始加粗，从泥泥糊糊过渡到带些小颗粒的菜叶、水果，锻炼他的咀嚼能力。宝宝的咀嚼敏感期一般在 6 个月左右，从这时起开始提供机会让宝宝学习咀嚼。在邦邦 1 岁多的时候，咀嚼能力已经锻炼得非常好了，可以接受几乎和大人一样的大块的食物。

不知道是因为味蕾开发得早，开发得好，还是因为遗传因素。邦邦吃饭一直很轻松。从 5 个月开始吃辅食，不到 1 岁就练习自己拿勺吃饭，而 1 岁后已经完全可以自己拿勺吃饭。这在很多妈妈眼里好像是奇

本书作者李菁和儿子邦邦

迹。但其实不然，邦邦就是个普普通通的孩子，他所拥有的这些能力，其他同龄孩子也都可以拥有，只是他练习得比较多就是了。

我从不怕他吃得浑身脏兮兮的，或是吃得满地狼藉。衣服吃脏了，饭后更换；地被弄脏了，饭后清理。

宝宝练习自己吃饭必须要有个过程，在这点上妈妈千万不能着急，一着急，就容易对宝宝快速喂食，从而剥夺了宝宝自己吃饭的乐趣和权利。从不会拿勺，到拿反勺，到最终可以准确地把食物送到自己口中，这对于宝宝来讲，何尝不是一个值得高兴的成就？

因为吃饭吃得好，所以邦邦的生长发育数值在同龄人中一直算很不错的。

很多妈妈都希望自己的宝宝也能像邦邦一样好好吃饭。所以，我汇总了以往的经验，写了这本书。我希望新手爸妈都能够学会轻松喂养，科学喂养，让宝宝吃得健康，茁壮成长。

李菁

2015 年 6 月

目录 | *Contents*

 做最安心的辅食给宝宝：
妈妈要坚持的八大事项

1. 别怕麻烦，卫生永远都是第一位 / 3

2. 学会这样用盐、油、糖，宝宝一生都受益 / 3

3. 为什么要让宝宝吃食物，而不是食品 / 5

4. 引导宝宝进食，不可操之过急，一定要分龄渐进 / 5

5. 宝宝生病时，宜吃软且温的辅食 / 7

6. 宝宝便秘，辅食是最好的解决办法 / 8

7. 宝宝拉肚子，添加辅食要谨慎 / 10

8. 宝宝用餐习惯好坏全在于大人如何做 / 11

 怎样做辅食最靠谱：
妈妈要避开八大误区

1. 给宝宝添加辅食要趁早还是推迟？添加辅食的"食机" / 14

2. 变换花样为宝宝做辅食，是否对宝宝更好？ / 16

3. 把大人的食物煮到熟烂，可以给宝宝当辅食？ / 18

4. 宝宝辅食吃得好，喝奶不必讲究了？ / 19

5. 担心宝宝营养不够，在辅食中添加营养补品，可行吗？ / 20

6. 给宝宝做辅食比较麻烦，可以一次做足，
   然后慢慢让宝宝吃好吗？ / 22

7. 宝宝的餐具和大人的没必要加以区分？ / 24

8. 市售辅食比自制辅食更适合宝宝？ / 25

准备做辅食：工具和食材一步到位

1. 这些好用的厨房工具，能让妈妈们省不少力 / 28

2. 选食材一定要从低敏食物开始 / 30

3. 宝宝要有一套实用安全的餐具 / 31

4. 从洗到做，这些计巧要掌握 / 33

新手爸妈轻松上手的120道美味食谱

4~6月 从泥糊状辅食开始

蛋黄糊 / 41   红薯米糊 / 42

南瓜奶糊 / 43   南瓜小米糊 / 44

苹果泥 / 45   微波土豆泥 / 46

苹果红薯泥 / 47   米汤胡萝卜泥 / 48

香蕉泥 / 49　　　　　西红柿米汤 / 50

大米粥 / 51　　　　　菠菜粥 / 52

小米粥 / 53　　　　　燕麦粥 / 54

胡萝卜粥 / 55　　　　南瓜双米粥 / 56

菠菜鸡蛋颗粒面 / 57　青菜面片 / 58

烂面条 / 59

7~9月 可以尝试让宝宝吃肉肉啦

鸡肝西蓝花粥 / 61　　山药小米粥 / 62

南瓜燕麦粥 / 63　　　大米冬瓜粥 / 64

芹菜小米粥 / 65　　　鱼肉粥 / 66

平菇蛋花粥 / 67　　　水果粥 / 68

牛肉南瓜粥 / 69　　　栗子枣泥小米粥 / 70

丝瓜虾皮粥 / 71　　　山药胡萝卜排骨汤 / 72

南瓜土鸡汤 / 73　　　豆腐鸡肉香菇汤 / 74

丝瓜鸡蛋疙瘩汤 / 75　西红柿疙瘩汤 / 76

软米饭 / 77　　　　　西蓝花土豆泥 / 78

红薯红枣泥 / 79　　　黄瓜泥 / 80

猪肝泥 / 81　　　　　冬瓜肉末面 / 82

西红柿鱼泥 / 83　　　猪肝青菜面 / 84

鱼泥豆腐羹 / 85　　　肉末豆腐 / 86

鲜虾冬瓜 / 87

10~12月　慢慢加大辅食的量吧

黑米山药百合粥 / 89　　　　绿豆莲子粥 / 90

鸭血青菜粥 / 91　　　　　　火腿藕粥 / 92

鲜虾菜心粒粥 / 93　　　　　胡萝卜玉米糁粥 / 94

胡萝卜瘦肉粥 / 95　　　　　什蔬浓汤 / 97

黑芝麻核桃糊 / 98　　　　　丝瓜肉末面条 / 99

虾仁香菇面 / 100　　　　　　排骨青菜面 / 101

虾仁什锦豆腐羹 / 102　　　　南瓜山药米饭 / 103

虾仁蛋炒饭 / 105　　　　　　三文鱼饭 / 106

鸡蛋羹 / 107　　　　　　　　鸡汤馄饨 / 108

红豆沙 / 109　　　　　　　　云吞面 / 110

13~24月　给宝宝来点酸奶果仁

鲜虾蔬菜粥 / 112　　　　　　虾皮肉末小白菜粥 / 113

紫薯豆浆 / 114　　　　　　　鸡蛋黄瓜面片 / 115

松仁玉米 / 116　　　　　　　粗粮饼干盆栽酸奶 / 117

五色蔬菜 / 119　　　　　　　海苔肉松面 / 120

芝麻酱鸡丝凉面 / 121　　　　鲜虾白汁意大利面 / 122

奶酪蘑菇意面 / 123　　　　　肉丸青菜面 / 124

蔬菜三明治 / 125   迷你小比萨 / 126

虾仁牛油果沙拉 / 127   杏仁蔬菜沙拉 / 128

酸奶水果沙拉 / 129   酸奶果仁 / 130

面包香蕉果酱 / 131   西红柿炒鸡蛋 / 132

酸奶水果麦圈 / 133   鱼丸粉丝小油菜汤 / 134

排骨香菇青菜汤 / 135   奶油南瓜汤 / 136

海带萝卜丝猪骨汤 / 137   土豆丝饼 / 139

鸡蛋炒鱼肉 / 141   胡萝卜鸡蛋青菜饼 / 142

25~36月　记得别让宝宝饮食单一

奶油蘑菇汤 / 144   番茄炒菜花 / 145

萝卜丝鲫鱼汤 / 147   草鱼烧豆腐 / 148

绿豆地瓜糖水 / 149   小煎饺 / 150

萝卜排骨煲 / 151   什锦蔬菜炒面 / 152

海鲜意面 / 153   红烧牛肉面 / 154

香菇肉丸面 / 155   绿酱意大利面 / 156

西汁鱼丸 / 157   茄酱牛肉丸 / 158

清蒸鳕鱼 / 159   吞拿鱼三明治 / 160

火腿煎蛋三明治 / 161   培根凯撒沙拉 / 162

烤鸡翅蔬菜饭 / 163   咖喱鸡饭 / 164

培根蘑菇卷 / 165

Part 1

做最安心的辅食给宝宝：
妈妈要坚持的八大事项

给宝宝最适宜的，是唯一的心愿

当上了爸爸妈妈，开不开心？开心！就只是开心吗？不，还有点不知所措！为什么？喂养宝宝真的好难啊，不知道究竟要怎样做！

新手爸妈往往会面临这种情况，于是一不小心就喂错，真难为人呀！

好多人知道我在这方面有些心得，便跑来向我请教，希望我给支支招。我告诉他们，要想做出最适宜宝宝吃的辅食，就一定要坚持八个原则。

1 别怕麻烦，卫生永远都是第一位

为宝宝制作辅食，厨艺是否高超并不是最重要的，最重要的是卫生标准是否达到了。只有将卫生放在第一位，才能为宝宝烹调出最安心的辅食。

那么，怎么才能做到这点呢？

爸爸妈妈如果是长发，则一定要束发或戴上厨帽。

注意戴口罩，就算不感冒也要尽量戴。

要有专门用来给宝宝烹调辅食的厨具，比如砧板、小锅等，避免与大人的混合使用。食材也是如此，要注意分类收纳和保存。

喂宝宝制作辅食，这些细节不应该受到忽视。要知道，杜绝污染和病毒，主要就是从这些小地方着手。

2 学会这样用盐、油、糖，宝宝一生都受益

对于1岁以内的宝宝来说，从母乳和牛奶中摄取的天然盐分已经足够，完全可以满足身体的需要，不必额外加盐。

事实上，不仅不必加盐，也不该加盐。宝宝的肾脏发育不成熟，特别是排泄钠盐的功能不足，所以一旦吃了加盐的辅食，肾脏不能将其排出，钠盐便会滞留在组织内。这样一来，难免导致局部水肿。

另外，加盐也不利于宝宝对钙和锌的吸收，致使其食欲不振，免疫力下降，而且智力发展也会受到影响。

哪怕宝宝过了1岁，也要严格限制盐的添加。我在菜起锅时不加盐，端到餐桌上再加，这样做的好处就是，只要放一丁点盐，吃起来就有味道，因为盐都附着在菜表面。宝宝呕吐、腹泻，或者夏季出汗时，盐的摄取量可稍多些。

　　油和糖也是如此，一定要慎用、少用。许多食物只要使用不粘锅，哪怕不用一点儿油，也能煮出好味道。如果非要用油，可把分量减半，甚至减更多。而使用糖时，不妨以地瓜、桂圆和红枣等食材来代替。

3 为什么要让宝宝吃食物，而不是食品

在我看来，相较于吃营养补给品，作息正常、营养均衡的饮食更重要，也更有效果，关键就是要注意食材来源和妥善清理食材。

我建议让宝宝多吃食物，少吃甚至不吃食品。不过，对于食物与食品的区别，有些人并不是特别清楚。

简单来说，加工过的是食品，没有加工的是食物。烹煮时，为让宝宝摄取原貌烹调的全食物营养，要尽量避免添加物。比如说鸡肉与鸡块，鸡肉本身有营养，对宝宝有好处，这是食物，宝宝可以摄取全食物营养；然而，如果加了油、淀粉等，使之成为食品鸡块，就不适合宝宝吃了。

我要说，选择食材时无需以自己的口味作为参考，也无需预设太多。实际上，除了少数高敏食材不适合以外，应该让宝宝尽可能多地接触食物种类。说起来，添加辅食本就不只是为了给宝宝补充营养，此外还另有一个重要作用，就是让宝宝学习适应各类食物。所以对于宝宝的抗拒反应，家长也无须过度担心。

如果只让宝宝吃他喜欢吃的，并要求他一定得吃多少，那么宝宝难免会对食物产生负面记忆，进而对以后的饮食习惯产生不良影响。

4 引导宝宝进食，不可操之过急，一定要分龄渐进

宝宝应该吃什么？

相信这是所有家长一致关心的问题。有时候，尽管你按照育儿书或专家的

指导，为宝宝准备了与月龄相符的辅食，但是宝宝却并不领情，毫无进食的意愿。有些妈妈担心宝宝营养不够，或是为了诱导宝宝张嘴，就用超龄的食物来喂，甚至让宝宝吃大人的食物，好像只要宝宝肯吃就行！

我认为喂宝宝辅食，一定要遵循分龄渐进的原则。慢慢来，宝宝处于什么阶段，就喂他吃什么阶段的辅食，不可操之过急。基本上，不到1岁的宝宝不

能摄入任何调味料，比如盐、酱油等，因为摄入调味料会对宝宝的肾脏造成负担，不利于健康。

假如在某个时期，宝宝一直拒食，就是不肯吃任何东西，这该如何是好？其实家长也不必太过担心，因为很可能是宝宝正处于断奶期。宝宝在断奶期里，非但不爱喝奶，对其他事物也可能不感兴趣。这时不妨更换不同的食材，不停地尝试，相信宝宝会慢慢适应的。

5 宝宝生病时，宜吃软且温的辅食

如果宝宝生病了，还能继续喂辅食吗？一般来说是可以的，不过有一个前提，就是要根据生病状况，决定辅食喂什么，以及喂多少。

假如宝宝感冒了，出现鼻塞、咳嗽等现象，这当然会对喂食造成影响，这时就要注意了，一定要给宝宝吃软且温的辅食。另外，平时要注意食物与餐具的清洁，这时候就更要注意。

宝宝在生病时，肠胃的消化和吸收能力会变弱，所以为了减轻身体负担，要让宝宝少吃。倘若宝宝实在提不起食欲，那么可以只让宝宝喝奶粉。

宝宝生病恢复期间，不妨将辅食形态回归到前一阶段。什么意思呢？举例来说明吧。比如4到6个月的宝宝，生病了可暂停喂辅食，或者依据身体状况喂少量米糊；再比如7个月以上的宝宝，如果生病了，可喂食稀饭、豆腐等比较柔软的食物，然后再缓缓回到生病前的辅食状态。

最后，可以用温开水稀释一杯柳橙汁，让宝宝在睡前喝一些，这样可以舒缓鼻子和喉咙的不适。

6 宝宝便秘，辅食是最好的解决办法

就 1 岁前的宝宝来说，每天排便的次数都不一样。大体而言，一天排三次或者两天排一次便，都属于正常范围。相对来说，喝配方奶粉的宝宝，其排便次数要少于喝母乳的宝宝，而且便便较硬，更容易出现便秘一些。

导致宝宝出现便秘的原因有哪些呢？

1. 水分摄取不足；

2. 天气过热；

3. 长时间待在开空调的房间；

4. 喂奶形态或奶粉种类变化等其他原因。

如果宝宝的便便如同羊屎一样坚硬，并且呈颗粒状，排便时还有看似很痛苦的表情，那就意味着宝宝很有可能出现便秘了。

那么，爸爸妈妈应该如何给宝宝喂辅食，才能防治宝宝便秘呢？

首先，注意水分摄取。早上，不妨让宝宝喝一小杯温开水，这样有助于肠胃蠕动，进而使便便变软。冲配方奶粉时，一定要把握好比例，因为过干的话有可能导致宝宝便秘。

其次，不妨多让宝宝吃含纤维的食物。像 4 个月以上的宝宝，可以喂黑枣汁、番茄汁等，不过是要稀释过的；而更大一些的宝宝，可以喂纤维含量丰富的果蔬泥，或者燕麦粥一类没有精加工的五谷类食品。

7 宝宝拉肚子，添加辅食要谨慎

拉肚子，对宝宝而言是一种常见病。

那么，有哪些原因容易导致宝宝拉肚子呢？

对 1 岁以前的宝宝来说，原因众多：

1. 吃了新添加的辅食，导致肠胃不适；

2. 喝了过量的果汁，特别是那些果糖含量较高的；

3. 让宝宝吃了过多的淀粉类食物，以致无法消化；

4. 感冒、胃肠道感染、接种疫苗；

5. 长牙及其他原因。

如果拉肚子情况不算严重，一天大概排 3 到 4 次，便便也只是稍微稀一点儿，并不影响宝宝吃和玩，也没有见宝宝出现发烧、呕吐等现象，这时不妨让宝宝多喝一些水，像稀释了的果汁和米汤等，也是可以的。不过，除了这些以外，其他的就基本都不适合了。

如果宝宝持续拉肚子一两天，还出现了尿量明显减少、精神与活力明显变差的情况，必须马上到医院进行治疗。作为爸爸妈妈，可以带上宝宝的新鲜便便给医生看。之后要遵照医生指示喂辅食。

8 宝宝用餐习惯好坏全在于大人如何做

给宝宝添加辅食很重要，一定要严谨对待，不过有一件事我却从来不坚持，那就是我不会强迫宝宝必须把食物吃完！

在我看来，和乐的用餐气氛非常重要，在大多数情况下，宝宝吃多少就是多少，大人对此不需要太计较、太焦虑。只要宝宝有正常的活动量，有符合标准的成长曲线，又没有出现便秘、拉肚子、肚子胀气等状况，就无需对宝宝的食量而担忧。

有些家长看到宝宝在正餐时间吃得少，担心宝宝挨饿，就在其他时间给宝宝提供零食。他们认为自己做得对，却不知道这样反而会造成负面循环。也有家长坚持宝宝一定吃够多少量，宝宝没有吃够量，就担心没有吃饱，就勉强宝宝继续吃。这能不适得其反，让宝宝对食物产生抗拒和反感吗？

所以，不如帮宝宝营造和乐的用餐气氛，建立良好的用餐习惯。不要让宝宝边吃边玩，或者边吃边看电视。不过可以为宝宝提供专属座位，以及可爱的造型餐具，让吃饭变成一件蛮有趣味的事。

Part 2

怎样做辅食最靠谱：
妈妈要避开八大误区

防止八大误区，制作最营养的辅食

我制作的辅食，宝宝不喜欢怎么办？

我制作的辅食，真的适合宝宝吃吗？

……

对于这些问题，我是很熟悉的，因为很多新手爸妈常常把它们抛给我，让我详细解答。我知道做辅食的重要性，宝宝如果吃了不适合吃的辅食，可能就会出现不良反应，甚至对以后也会有持久的影响，所以我都会一一回复。在此基础上，我也总结出新手爸妈制作辅食时最容易出现的八大误区。现在将其分享出来，希望对大家有所帮助。

给宝宝添加辅食要趁早还是推迟？
添加辅食的"食机"

宝宝什么时候可以吃辅食呢？
太早太晚都不好！

　　相信很多新手爸妈都会被这一问题困扰。宝宝长到四个月了，长牙了，是否该给他吃副食了？宝宝看到我们吃饭，开始流口水了，是否说明母乳或配方奶已经无法满足需要，宝宝需要辅食了呢？

　　如果新手爸妈过早让宝宝吃辅食，那么宝宝很容易吸收不良，结果就会引发不适，比如腹泻等症状。如果过迟让宝宝吃辅食，也有很大弊端，比如会影响宝宝的咀嚼能力和肌肉发展。何况宝宝也需要对各类食物进行探索尝试，不然日后容易造成厌食、挑食等不良习惯。

有没有添加辅食的最佳"食机"呢？让孩子自由发育成长

以前人们认为当宝宝六个月大时，才可以添加辅食，现在提前了，很多人主张四个月就可以了。一些研究者认为，宝宝应该尽早接触辅食，这会有效防止过敏的发生。

实际上，宝宝的个体发育本就不同，无须抢快和比较。最早四个月，最迟八个月开始吃辅食都可以，无须太过担心。那么当宝宝出现什么状况，就意味着可以吃辅食了呢？

1. 宝宝出现厌奶现象，胃口不佳；

2. 开始把手上的东西往嘴里塞；

3. 宝宝能够稍微抬身，坐起来看人，不用担心被非液态食物呛到。

当这些状况发生时，就表明宝宝可以接触辅食啦！

变换花样为宝宝做辅食，是否对宝宝更好？

 添加新食材，一次应该只添加一种

宝宝的免疫机能较低，有时会对某些食物产生过敏反应，所以给宝宝添加辅食一定要慎之又慎！

尝试新食材的时候，应该遵循"少量、少种类"的原则。要知道，每个宝宝的过敏原是不一样的，只要是宝宝没有吃过的食物，都不能吃太多。一次只添加一种新的食材。

宝宝吃完后，要仔细留意其排便、皮肤状况，以便观察其有无过敏反应。如果一切正常，则可以逐渐加量并尝试新的食材；如果宝宝出现过敏反应，那么就必须马上停止添加这种食材，过三个月再行尝试。

从低敏的食材开始尝试添加

我建议父母可以让宝宝从低敏的食材开始尝试，比如地瓜、南瓜以及新鲜的绿色蔬菜等。随着宝宝的免疫机能越来越成熟，越来越稳定，过敏反应会减缓很多。

有些父母担心引发过敏，就让宝宝反复吃同样的食物，这是不当的做法。因为缺乏变化的辅食，会让宝宝食欲下降。更重要的是，这样做让宝宝丧失了对新味道的尝试，也不易于免疫力的提升。

把大人的食物煮到熟烂，可以给宝宝当辅食？

避免宝宝接触大人食物，不给肾脏"增负"

以前人们受环境或时间的限制，常常几十口人一起吃饭。那时谁家有宝宝，就把大人的食物煮得再久一些，烂一些，或者用汤汁拌饭，给他吃。这样一来，宝宝能得到充足的营养吗？

答案是不言而喻的，不能！

宝宝得不到充足的营养不说，还会摄取过多的人工调味料。要知道大人的食物口味太重，这会对宝宝的肾脏造成沉重负担，将不利于宝宝的健康。

把口味调清淡，尽量让宝宝远离调味料

现在的父母，育儿观念与营养概念都已经改善了许多，都会特意为孩子制作口味清淡的辅食。不过偶尔在外面吃饭，难免会让宝宝接触到大人的食物，这时应该怎么办呢？

还是建议父母尽量按照月龄，给孩子喂食恰当的辅食，不要让他们吃太多添加调味料的食物。如果实在不能避免，可在食物中加些开水，或者用开水浸泡，总之要将口味稀释，再行喂食。

宝宝辅食吃得好，喝奶不必讲究了？

 荒谬！吃辅食是一个渐进的过程，不可操之过急

有些父母觉得，宝宝既然已经开始吃辅食了，就应该减少喂奶的次数和奶量。他们认为，应该尽量让宝宝吃辅食，因为这样可以摄取更多营养，同时还可以训练宝宝的咀嚼能力。

然而，宝宝需要有一个渐进的适应过程，辅食是奶类营养和正食之间的衔接，而这个过程或阶段是不应该被压缩的。

分配辅食与奶量需要掌握的原则

在喂食宝宝时，如何分配辅食与奶量呢？首先应该说，初期先维持宝宝原来的喂奶次数和奶量，而不要随意变更。一般而言，4 到 6 个月的宝宝，每天喂 5 次奶，而在两次喂奶中间，不妨用汤匙喂宝宝吃几口食物泥。

喂奶前后，不要给宝宝吃辅食，因为那不利于宝宝吃奶，同时也会让宝宝对辅食丧失兴趣。

宝宝会渐渐适应食物泥的口感的，也会渐渐习惯用汤匙进食的，当出现这种状况以后，不妨渐渐增加辅食的分量，增多辅食的种类。

我们这样给孩子添加辅食，当宝宝过了一周岁，粥品面食等就不再是辅食，而成为正食啦，而像奶粉或牛奶，则退而成为辅食咯！

NG 5 担心宝宝营养不够，在辅食中添加营养补品，可行吗？

不必！只要合理搭配，日常食物的营养已经足够！

爸妈疼爱孩子，所以常担心自己给孩子的够不够多、够不够好，总是为孩子的一切问题而烦忧、焦虑！

宝宝的体重够重吗？身高够高吗？宝宝的牙齿怎么长得这么慢，头发为何长得如此稀少？啊，宝宝的排便有点问题，睡眠也不是很充足！

怎么回事？是营养不够吗？

于是，许多爸妈为了让宝宝更加健康、强壮，便在辅食中添加补品以补充营养，有的甚至还添加中药材。

那么这么做果真有必要吗？

毫无必要！事实上，只要合理搭配，食物本身的天然营养就足够啦！不过倒也有例外，比如医生经过诊断，认为应该对宝宝补充特殊的营养成分，一般只有在这种情况下，才有往食物中酌量添加补品的必要。

为增加宝宝的营养摄取，不妨熬煮高汤

对大部分宝宝而言，则完全不需要，而且也不适合在辅食中添加任何营养品，尤其不适合添加中药材。

宝宝绝对不适合吃有药效的食物。食物带有药效，对宝宝来说就等同于带

有风险。有些药材的特殊气味，还有可能让宝宝排斥，连带拒绝吃辅食，造成反效果。

　　如果实在不放心，实在担心宝宝吃得不够好，那不妨熬煮高汤，添加到宝宝的辅食中，增加营养摄取。高汤应以蔬果为主，可搭配猪肋骨一起熬煮。

给宝宝做辅食比较麻烦，可以一次做足，然后慢慢让宝宝吃好吗？

对于新手爸妈而言，"怎样准备辅食"应该是一个棘手的问题。宝宝食量小，刚开始吃辅食时，如果每次都现做现吃，爸妈往往会忙碌不堪。鉴于这种情况，有些爸妈为了省时省力，索性一次做许多，让宝宝慢慢吃。这样一来就方便多了，每次取少量，加热给宝宝吃。

然而，这样做真的好吗？

如果只是做足当天的量，而且是天气凉爽的季节，那也无妨，不过谨慎起见，爸妈还是要在试吃以后，确定没问题了再喂给宝宝。如果食物已放过隔夜，绝对不要让宝宝吃。

建议大家，为了避免浪费食材，在制作辅食时不要一次制作烹煮太多，最好事先精算分量。

如果渴望节省时间，也可尝试一次准备多日分量，前提是制成"冰砖"。不过这也不意味着万事大吉，要谨记"冷藏以一日为限，冷冻至多一周"，最好尽早食用。

宝宝的餐具和大人的没必要加以区分？

大错特错！宝宝的餐具不可与大人的混合起来。

老话说得好，"养儿方知父母恩"。也许只有到了自己做爸爸或妈妈的时候，才知道哺养孩子是多么艰辛。尤其对于新手爸妈来讲，大事小事一桩桩、一件件，难免会忙得手忙脚乱，恨自己没有三头六臂！

为图方便，有些爸妈为宝宝准备辅食时，不再将大人和孩子的砧板分开。

应当指出，这么做是不正确的，因为有很多食材是宝宝不能吃的，比如一些容易引起过敏的食物。怕就怕引起宝宝过敏，或者不慎吃下受到污染的食物。所以应该为宝宝准备一套专用的餐具及烹调工具，避免与大人的混合使用。

挑选宝宝餐具时要注意些什么

很多新手爸妈对宝宝餐具的选择不够重视。在他们看来，只有材质不容易破坏，就可以让宝宝使用，哪怕与大人共用也没什么。

可以说，这种看法是相当轻率的，宝宝的餐具的确需要无毒安全又耐摔，但这还不够，还应该考量餐具的大小与重量，以及其他一些因素。

另外，有些新手爸妈不注意，清洗餐具时，将宝宝的餐具与大人的混合起来，一起清洗。不过宝宝的辅食通常无油、无调味，用清水冲洗就OK，无需使用清洁剂，所以应该和大人的分开处理，这样更能保证宝宝远离病毒或毒素。

NG 8　市售辅食比自制辅食更适合宝宝？

　　照顾宝宝是一件很需要耐心的事情，很多新手爸妈有时候会感到疲惫。于是在为宝宝准备辅食时，为了图省事，便选择购买，而不愿自制。市售辅食与自制辅食看起来也无区别，而且选择市售辅食是那么方便，省却了制作的麻烦。另外，市售辅食花样繁多，口味也应有尽有，营养全面易于吸收，完全可以满足宝宝的营养需求。

　　不过，相比较而言，自制辅食更加新鲜。在制作辅食时，注意科学搭配和合理烹调，无疑是最佳选择。但是如果自制辅食时操作不够合理，很容易出现营养素流失过多、营养搭配不均衡的情况，这就不利于宝宝的健康成长了！

　　实际上，市售辅食也好，自制辅食也罢，可以说各有利弊。只要能保证营养丰富、易于吸收，两者都是可以的。

Part 3

现在开始准备做辅食：
工具和食材一步到位

邦邦妈的居家烹调秘诀

为宝宝制作辅食，挑选什么样的工具和食材最合适呢？

对，可能有些朋友注意到了，我所强调的不是"最好的"，而是"最合适"的！

初为父母，难免兴奋和紧张，任何东西只要与宝宝有关，都想找到最好的送给宝宝。然而什么是"最好的"？其标准总是一而再，再而三地改变，专家这么说，媒体那么说……父母心中的那把尺常常被撼动！

如此一来，很多父母便买回来了各种工具和餐具，可是究竟哪种是最适合的呢？自己经过乐此不疲的摸索钻研，倒也得出了很多家长认可的结论。

1 这些好用的厨房工具，能让妈妈们省不少力

为宝宝制作辅食，挑选什么样的工具最合适呢？经验告诉我，那些长期使用的工具，最好购买材质和功能都很好的，哪怕多花点钱也不要紧。至于不经常使用的工具，可以考虑另寻替代工具。

就像搅拌棒、研磨器、保鲜盒等，由于功能性高过设计性，所以只要材质安全无害，挑选符合实际需求的就可以啦。

❶保冷袋 短时间外出时，用保冷袋保鲜是一个很不错的选择，如果能搭配保冷剂使用，效果将更加理想。

❷保鲜盒 为了有效地保持食物的新鲜度，建议选择玻璃材质的保鲜盒。不过外出时可以改用塑胶材质的，那更利于携带。

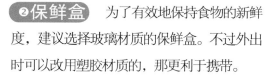

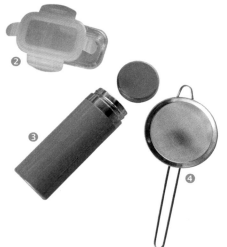

❸保温瓶 这是十分必要的工具之一，用来给宝宝舀取喂食，几乎是外出的必备品，不过选择时没有必要选容量大的。

❹漏勺 用来过滤食物渣滓，比如过滤鱼汤中的鱼刺等。

⑤研磨器 市面上，用来研磨和捣泥的工具可谓形形色色，让人眼花缭乱。需要注意的是，如果是塑胶材质，需避免高温食物，不妨将食材放凉再处理。

⑥食物剪 有塑胶材质和金属材质两种食物剪。对付软烂食物，用前者即可，不过当对付肉类时，金属剪刀更堪此任。

⑦电子秤 为宝宝制作辅食，为了更轻松地拿捏分量，往往需要一些计量工具，电子秤就是其中之一。

⑧菜板、刀具 准备专用的菜板和刀具，这是为宝宝制作辅食的必要要求。为保证不会造成交叉污染，还要注意生熟分开。

⑨量杯 对于宝宝的消化吸收而言，辅食的浓稠度十分关键，这就是我们需要量杯的理由。

② 选食材一定要从低敏食物开始

一些爸爸妈妈有时可能会忍不住问，辅食到底该为宝宝提供哪些营养成分，为宝宝成长打好底子呢？

在回答这个问题以前，我们可以做个假设：假如宝宝不吃辅食，而是一直食用奶品，将会怎样呢？

配方奶或奶粉里虽有蛋白质、维生素和矿物质等成分，但也容易导致宝宝的饮食长期偏高脂，缺乏纤维和铁质等营养，这会导致什么结果呢？

肥胖或发育迟缓！可怕吧？而添加辅食，可以补足奶品欠缺的部分，故而挑选食材不能不将此纳入考量。

宝宝吃辅食之初，应以五谷根茎类为主，这有两个原因。一是这类食物易消化，易吸收，二是这类食物也能提供糖类和蛋白质。宝宝长到7到9个月以后，活动量更大，可在辅食中添加肉类，如此不仅增强摄取蛋白质，还有脂肪和矿物质等。

尤其是铁质，如果长期缺乏，对宝宝智能和体能的发展十分不利。

给宝宝吃辅食，要先从低敏食材开始尝试。这是为什么呢？要知道，宝宝此时的肠胃道还没发展成熟，小肠绒毛细胞的空隙是很大的，这就容易导致很多成分被吸收进血液，进而引起过敏反应。

惟其如此，才要从低敏食物开始尝试，然后慢慢给宝宝的免疫系统以刺激——少量而多元的刺激。这样的尝试接触是很有好处的，可以让宝宝的免疫系统得到训练。只要免疫系统具有了耐受性，过敏症状自然就会减缓啦！

3 宝宝要有一套实用安全的餐具

为宝宝挑选餐具，有些父母往往会选择造型可爱、图案美丽的，因为宝宝会喜欢，客观上能促进食欲。不过，说实在的，造型可不可爱，图案美不美丽，并不是最重要的，家长应该将更多的注意力放在材质本身的安全性上。

宝宝餐具对材质的要求很高，最近这些年出现了竹制餐具，还有 PLA 有植物萃取淀粉，经发酵、去水制成的玉米餐具。它们都强调天然无毒，使用起来更安心。其实美耐皿也好，其他环保材质也罢，挑选时都应该多多留意，比如不妨先嗅闻一下，若有刺激气味，就说明它不值得信任，因为也许含有有害健康的毒素。

使用餐具需要注意哪些问题呢？

首先，不要盛装过酸或滚烫的食物，不可用来微波、蒸煮食物，不直接放到热水中消毒或清洗。

其次，应待食物略微放凉，再盛装到餐具里。这么做，好处有二，一是防止产生有害物质，二是避免烫伤宝宝。

再次，宝宝食物少油腻，清洗时不妨先用清水浸泡，然后再用抹布清洗，而不可费力刷洗。

最后，宝宝餐具一旦出现刮痕，就别再使用啦，赶紧换新的吧！

❶吸盘碗 吸盘碗可以吸附在桌面上，不容易打翻，适合宝宝吃饭时使用。

❶

❷分隔餐盘 宝宝使用餐盘，方便观察食物，这对感官的记忆和训练很有益。当宝宝略大一些时，把不同种类的食物分开摆放，也能帮助宝宝认识食物。

❷

❸

❸勺子、叉匙 在宝宝刚开始吃辅食时，可以为其选择柔软的硅胶勺，随着宝宝成长，再更换其他材质的勺子。选用叉匙，要留意外缘是否圆润，不要挑选太尖锐的。

④ 从洗到做，这些计巧要掌握

对于辅食制作，我一直认为，采用新鲜卫生的食材，比制作得美味可口更重要！采买食材以后，务必对其认真清洗、处理，确保其卫生良好。烹煮和保存的过程中，也丝毫马虎不得。要时刻记得，宝宝的肠胃和肝脏功能尚未发展成熟，需要爸爸妈妈把好关。

好吧，在进入食谱实操以前，再提醒爸爸妈妈们几件事。

1.怎样清洗处理食材最好

蔬果类是该用水洗呢，还是要用蔬果清洁剂清洗？怎样才能保证清洗干净呢？这类问题，我听很多新手妈妈念叨过。

一般来说，倘若选购的是有机水果，那么用干净的过滤水认真冲洗就行。其实普通的自来水也是可以的。自来水含有微量的氯，一定程度上具有杀菌和氧化效果。如果还不放心，那么最后再用煮沸过的冷开水冲洗一次好了。

清洗、去皮、蒸熟，一般市售水果经过这些步骤，我们就无须过度担心清洁问题。要是担心有农药残留，或者有虫卵细菌滋生，可以使用天然成分的蔬果清洁剂进行清洗。有些水果为了保存，可能会打蜡、喷洒防腐剂，对此也可以用蔬果清洁剂清洗。

洗菜Point

❶ 先去除蔬果的根茎部分，将泥块沙土冲洗干净。

❷ 置于流动的自来水中浸泡，时长控制在10分钟左右，水中的余氯有杀菌作用。

挑菜Point

❶ 西蓝花只取花穗部分，也就是前端花朵。

❷ 注意选取较嫩的菜叶。另外，浅色食材用深色砧板处理为佳，容易发现脏东西。

2.该怎样保存辅食

不消说，食物当然是越新鲜越好，不过每日都现煮也不容易，特别是对于那些忙碌的工薪族爸妈更是如此。每天回到家已经十分疲累，然而为了宝宝的健康，还要亲手准备安心的辅食。

实际上，在保证营养卫生的同时，兼顾效率也并非不可能的事，当然前提是你要学会制作冰砖。每周只需抽出半日做准备，将辅食制成冰砖保存，什么时候需要，什么时候加热食用。这样一来，自然可以节省大量时间。

不过，有些爸妈也许会对此感到担忧：做成冰砖以后，辅食的营养会流失吗？还足够新鲜吗？其实家长完全不必如此忧心，要相信现代的冰箱的强大功能，急速冷冻之下，是足以能保证食物的新鲜程度的，可以说并不亚于现做。

一般情况下，像蔬菜泥、水果泥、高汤、白粥、米糊等，都比较适合制成冰砖。为了更好地掌握宝宝的食量，刚开始不妨选择尺寸较小的制冰盒，随着宝宝食量的增加，再换成大一些的冰盒。

家长需要注意的是，为了确保卫生安全无虞，冰砖一旦取出，加热，就不可再次冷冻，也不可隔餐食用。宝宝的辅食分量都不多，如果不想浪费，家长帮忙解决倒也不错。

轻轻松松做冰砖，只需2步

　　制冰盒的形状可谓种种样样，有长条型的，有方型的，还有其他一些特殊造型。不过总的来说，长条型制冰盒最为流行！

Step 1

估算冰砖容量

为宝宝制作辅食，准备多少材料，烹煮多少分量？为了方便拿捏，就要计算每颗冰砖的容量。方法是，用量杯装水，倒入制冰盒，然后以总容量除以格数，便是每颗冰砖的容量。

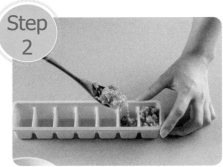

Step 2

分门别类，盛装食材

食物烹煮、搅拌完成，不要着急倒入制冰盒，而应该在放凉后再这么做，接下来再置入冷冻库。为避免味道混杂，影响口感和新鲜度，单一食材应使用单独的制冰盒。

Point

❶ 盛装时，不使格子之间相连，取冰砖时比较省力。

❷ 倘若很难取出，可用开水稍微冲洗底部，如此一来，一般都能轻松脱模。然而不要让开水渗入冰砖，因为那会稀释掉营养成分。

冰砖保存小窍门

❶ 要为宝宝辅食的制冰盒留一专区，避免与其他鱼肉生鲜等混杂，造成异味污染。

❷ 制冰盒选用有盖的，或者套上保鲜袋也可。

❸ 冷冻期不要超过一周，越快食用完越好。要记住，如果冷冻超过了一周，就不要再加热给宝宝吃。

❹ 食用时，取出冰砖直接加热，而不要室温下慢慢退冰，那样易滋生细菌。

❺ 还有就是，不要反复解冻，如果当餐吃不完，需做厨余回收。

3.外出怎样保鲜辅食

比起重口味的大人食物，宝宝的辅食更容易酸腐，这是因为不添加防腐剂，加上很少调味的缘故。所以宝宝的辅食更需要注意保鲜。那么问题来了，碰上外出或旅行时，应怎样解决宝宝的三餐呢？

如果外出时间不长，不超过半天，不妨把现做的新鲜的食物泥、粥品，或是冰砖加热后，倒入保温瓶内保存。须一次喂完，有剩余也不可喂第二次。再有就是，不要在室温下反复取出。

若是冬季外出，不超过半天，并且可以找到加热的地方，可将冰砖分装在夹链袋里，用冰宝和保冷袋存放。在冰砖融化前，用电锅或微波炉加热即可。

如果外出时间较长，超过半天，那么可以携带简易的食物剪、研磨器等工具，挑选新鲜水煮的蔬果或调味清淡的食物，需要时应变制作。

外出准备的分量不宜过多，够吃一次就可以啦。在将食物喂给宝宝前，大人不妨先尝一口，确保食物新鲜再喂宝宝吃。如果宝宝吃完以后有剩余，要么丢弃，要么由大人解决，就是不能再给宝宝吃。

Part 4

新手爸妈轻松上手的
120 道美味食谱

让孩子吃下去的每一道饭菜，都是满满的爱

　　到了要给宝宝准备辅食的时候，有些新手爸妈着急了，心说："我都不会煮菜啊，这下该怎么办呢？"

　　给宝宝做辅食是大事，所以爸妈感到紧张和焦虑也正常，不过做辅食其实并不那么难，关键是要有点耐心。宝宝并不挑嘴，只要我们把辅食做得干净卫生，宝宝就会赏脸吃光光哦！这样一来，你的成就感和自信心就爆棚啦，也许会从此爱上做辅食呢。

　　初次尝试辅食制作，如何能做到得心应手呢？本章完整地提供了120道辅食的食谱材料及做法，会帮助你为宝宝做出新鲜美味的、营养均衡的辅食来。

4~6 月

从泥糊状辅食开始

对于这个时期的宝宝，当然应该继续母乳喂养，这是不用怀疑的。

然而，如果宝宝出现了某些小信号，比如专注爸爸妈妈吃饭，或者有咂嘴、想要抢食物的表现，那么就应该考虑添加辅食啦。问题是，对于这么大的宝宝来说，应当添加什么样的辅食呢？

邦邦妈告诉你，最开始应当适当添加谷物类和富含铁、钙的食物。

如果宝宝对添加辅食比较适应，那么可以尝试添加较浓稠的泥糊状食物。需要注意，给宝宝添加新辅食时，应该从一种开始尝试，等宝宝习惯后再试另一种。

有时候，看到宝宝会吃吃吐吐，一些妈妈难免感到紧张，以为宝宝不喜欢新口味。其实不能这么轻率地下结论，一般情况下，只要多尝试，宝宝就会适应这种口味。同时妈妈要细心观察宝宝，如发现异常反应，那就马上停止添加。

因此，给宝宝尝试新辅食，一定要有耐心哦！

蛋黄**糊**

建议宝宝1岁后再吃全蛋。

4个月以上　补充水分　保护视力

原料

蛋黄 1/8 个

做法

❶ 整个鸡蛋煮熟，取出蛋黄，碾成泥。

❷ 然后，混在粥里或者米汤里喂给宝宝。

★ Tips ★

第一次喂宝宝蛋黄，一定要去掉蛋白，把蛋黄单独给予。这是因为，蛋白很容易让肠胃还没有发育完全的宝宝过敏和不消化。观察到宝宝没有不适，慢慢加量到 1/4，再到 1/2 个。

红薯米糊

非常营养又好喝的健康粥羹。

4个月以上 | 帮助消化 | 口感香甜

原料

红薯 20 克、米粉 30 克

做法

❶ 红薯洗净，削皮，切碎煮软。取出捣碎成红薯泥。

❷ 拌入米粉中。

★ Tips ★

红薯米糊口感香甜，易入口，而且纤维多，能帮助宝宝消化。

南瓜奶糊

制作南瓜奶糊时，应选外皮橙红、色深粗糙的南瓜。

4个月以上　提高免疫力　多重营养

原料

南瓜 50 克、配方奶 2 勺

做法

1. 南瓜洗净，削皮，切片放入锅中煮软。取出捣碎成南瓜泥。
2. 拌入配方奶中。

★ Tips ★

南瓜含有蛋白质、胡萝卜素、钙、磷、维生素 A、维生素 C 等营养成分，能增强宝宝的身体免疫力，帮助各种脑下垂体激素分泌正常。

南瓜小米糊

南瓜性温，能补中益气、消炎杀菌。

5个月以上　富含果胶　保护肠胃

原料

熟蛋黄半个、南瓜 20 克、小米粥 30 克

做法

❶ 南瓜洗净去皮，切成片，上锅蒸软，然后碾磨成泥。

❷ 把南瓜泥和蛋黄混合再混入熬好的小米粥中。

★ Tips ★

南瓜的果胶含量十分丰富，可"吸附"细菌和有毒物质，还可保护胃部免受刺激。用南瓜煮粥或汤，对宝宝的肠胃很有好处。

苹果泥

常让宝宝吃苹果泥，好处多多，但是要注意，苹果泥裸露在空气中容易氧化。

5个月以上　增强记忆力　防治贫血

原料

苹果半个

做法

❶ 苹果洗净，削皮，去核；勺子洗净。

❷ 用勺子把苹果慢慢刮成泥状即可。

★ Tips ★

苹果富含锌，可增强宝宝记忆力，健脑益智。苹果又含有丰富的矿物质，可预防佝偻病。苹果还对缺铁性贫血有防治作用。

微波土豆泥

土豆因其营养丰富,而被誉为"地下苹果"。

5个月以上　氨基酸　不致过敏

原料

土豆半个、婴儿配方奶少许

做法

❶ 土豆去皮洗净,切成薄片,放入一个大碗中,大碗中加水,微波炉里转 10 分钟,煮熟后取出,捣烂做成土豆泥。

❷ 调入配方奶,增加香滑的口感。

★ Tips ★

　　土豆含有特殊的黏蛋白和人体必需的多种氨基酸,而且也是最不容易引起过敏的食物之一,所以非常适合宝宝食用。

苹果红薯泥

与脆甜的红富士相比,蛇果更适合制作苹果红薯泥。

6个月以上　强化体能　防止便秘

原料

红薯半个、苹果半个

做法

❶ 红薯、苹果洗净去皮,切成小碎丁。

❷ 加入少许水,小火慢炖,慢慢搅拌,熟烂后碾碎即可。

★ Tips ★

　　红薯含有大量的赖氨酸和精氨酸,既能促进宝宝的生长发育,又有利于增强宝宝的抵抗力。红薯还富含可溶性膳食纤维,对防止宝宝便秘很有好处。需要注意的是,蛇果比红富士更容易刮成果泥,且入口易化,可以说是最佳选择。

米汤胡萝卜泥

虽然非常适合宝宝，但是也不可吃过量。

6个月以上　　胡萝卜素　　强化体能

原料

大米汤适量、胡萝卜半根

做法

❶ 胡萝卜切块儿、煮熟，用大勺子碾压成泥。

❷ 加入适量大米汤划开即可。

★ Tips ★

胡萝卜富含丰富的胡萝卜素，胡萝卜素进入人体后在肠道和肝脏内可转变为维生素 A，是饮食中维生素 A 的重要来源之一。

香蕉泥

香蕉富含丰富的膳食纤维，可促进肠道蠕动，帮助排便。

6个月以上　促进消化　帮助大脑发育

原料

香蕉半根、熟蛋黄 1/4 个、牛油果一个

做法

❶ 将香蕉去皮用汤勺碾压成泥；牛油果洗干净，切块，蒸熟后碾压成泥。

❷ 把蛋黄泥、香蕉泥、牛油果泥混合，用适量温开水调成糊，放在锅中略煮即可。

★ Tips ★

香蕉蛋黄糊对促进宝宝大脑和神经系统的发育尤其有好处。

西红柿米汤

西红柿与大米汤是非常好的搭配。

5个月以上　调理肠胃　增强体质

原料

西红柿 20 克、米汤少许

做法

❶ 西红柿洗净，顶部划十字，放入沸水中，烫开外皮，剥掉。然后把西红柿用搅拌机打碎成泥。

❷ 锅中米汤烧开，倒入西红柿泥。

★ Tips ★

西红柿米汤，不仅味道适合宝宝，而且能调理肠胃、增强体质、预防贫血。

大米粥

由稀到稠，慢慢增加浓度，
不可操之过急。

原料

大米 50 克、水适量

做法

❶ 将大米淘洗干净，浸泡 1
小时，放入锅中加入适量
的水，小火煮至水减半时
关火。

❷ 撇取上面的米汤，凉至微
温即可。

★ Tips ★

米汤汤味香甜，含有丰富的蛋白质、碳水化合物及钙、磷、铁、
维生素 C 等营养成分。腹泻脱水的宝宝喝大米汤，可以起到止泻作用。

菠菜粥

菠菜焯一下可以去掉大量的叶酸，避免与含钙的食物相冲。

5个月以上　维生素丰富　预防贫血

原料

菠菜 30 克、大米 20 克

做法

❶ 菠菜择洗干净，入沸水锅中焯一下，捞出切末。

❷ 大米洗净后，放入锅内，加适量的水煮成粥。

❸ 出锅前，将切好的菠菜放入，搅拌均匀，再慢煮3分钟。

★ Tips ★

菠菜含有丰富的维生素A、维生素C及矿物质，尤其维生素A、维生素C含量是所有蔬菜类之冠，人体造血物质铁的含量也比其他蔬菜多。

小米粥

煮制的时候，如果觉得不够黏稠，可以加点大米进去。

5个月以上　营养丰富　调节睡眠

原料

小米 50 克、水适量

做法

❶ 将小米淘洗干净，放入锅中。

❷ 加入适量的水，小火煮至小米软烂时关火。

* Tips *

1. 小米表皮有一层物质能熬出米油，米油营养最丰富了，特别适合初尝辅食的宝宝。小米最多淘洗一次，不要用手搓，以免损坏其营养。

2. 宝宝最初尝试小米粥时候，可以从上面的一层米油开始，然后逐渐加上煮得软软的稀烂的小米粒。

燕麦粥

可以把水更换成配方奶，这样就是燕麦牛奶粥。

原料

燕麦片 100 克、水 250 克

做法

❶ 燕麦片放入锅内，加水煮至熟即可。

❷ 如果是快熟免煮麦片，开水冲调即可。

❸ 燕麦粥软软的、糯糯的，很滑顺，容易吸收消化。

★ Tips ★

随着宝宝月龄增加，可以在粥中加大米、玉米片、枸杞等加以变化。

胡萝卜粥

可以促进宝宝的生长发育，增强身体抵抗力。

原料

胡萝卜、大米

做法

❶ 米加水煮成粥。

❷ 把胡萝卜刮成细丝放入粥中，熬煮至软烂。

* Tips *

胡萝卜富含胡萝卜素，胡萝卜素进入肠道和肝脏，可以转化为维生素A，对保护宝宝的眼睛大有裨益。

南瓜双米粥

这款粥尤其适合宝宝肠胃不舒服时食用。

6个月以上　营养丰富　健脾暖胃

原料

南瓜 150 克、小米 100 克、大米 50 克

做法

❶ 南瓜 150 克，去皮切成小丁。

❷ 小米 100 克、大米 50 克，淘洗干净后混合置于碗中，用清水浸泡 1 小时。

❸ 将小米、大米、南瓜倒入高压锅中，加入 5 倍的清水。

❹ 盖上锅盖，大火烧上汽后转小火，再压制 10-15 分钟即可。

★ Tips ★

　　浸泡是为了节省煮粥的时间，如果赶时间的话，可以不用浸泡，直接加水煮粥，但相对煮的时间要稍长些，一般来说浸泡过的米要煮 10 分钟的话，未浸泡的米就要煮 10-20 分钟。

菠菜鸡蛋颗粒面

很适合宝宝，尤其适合贫血的宝宝。

6个月以上　防止贫血　提高免疫力

原料

颗粒面（小面条或蝴蝶面也可以）、菠菜两三颗、白水煮蛋一个、骨头汤半碗（可以用白水代替）

做法

❶ 把切段的菠菜放入料理搅拌机，加入一点骨汤或者水，搅拌碎。

❷ 小锅里面添入两小碗汤，烧开。

❸ 加入搅拌好的菠菜，煮熟，然后加入颗粒面，煮 3-5 分钟。

❹ 盛出来，趁热加入蛋黄，搅拌均匀即可。

★ Tips ★

菠菜鸡蛋颗粒面能提供人体需要的多种营养物质，提高宝宝的免疫力。

青菜面片

由颗粒面，到面片，再到面条，这是给
宝宝吃辅食的正确步骤。

原料

青菜、面片

做法

1 面片放入开水中煮烂。

2 青菜洗净煮一煮后做成青
菜泥。

3 将煮好的面片倒入盛有青菜
泥的碗里，搅拌一下即可。

//////// ★ Tips ★ ////////

给宝宝吃面片处于过渡阶段，十分必要，不能随意略过。

烂面条

西红柿烂面条可以帮助调理宝宝的
肠胃功能。

6个月
以上   维生素
丰富   有机酸

原料

面条 30 克、西红柿 1 个

做法

① 将西红柿洗净后用热水烫
一下，去皮，捣烂。

② 将面条掰碎放入锅中，煮
沸后，放入西红柿泥，煮
熟即可。

* Tips *

西红柿烂面条含有丰富的维生素、矿物质、碳水化合物、有机酸及
少量的蛋白质。西红柿中的柠檬酸、苹果酸等有机酸，可增加胃液酸度，
帮助消化。

7~9 月

可以尝试让宝宝吃肉肉啦

　　这个时期的宝宝，决不能只用母乳喂养了，一定要添加辅食才行。为什么呢？因为需要为宝宝补充铁以及多种营养元素，不然宝宝可能会出现贫血的状况。你可以继续为宝宝添加前一时期添加的辅食，此外，还可以新添肉末、豆腐，以及各种菜泥或碎菜等。

　　宝宝开始慢慢长出乳牙，所以要试着给宝宝吃花样粥、蛋黄羹等半固体食物。而且宝宝需要锻炼咀嚼能力，而这时已经进入锻炼咀嚼的关键期！如果错过，那么以后吃固体食物，宝宝难免遇到困难或者心生厌恶。

　　有的宝宝开始尝试自己动手吃饭，这是一个可喜的现象，对不对？虽然宝宝也许会把饭弄得到处都是！爸爸妈妈可不能放弃让宝宝尝试，不妨选择一个漂亮的小围嘴或者罩衣，尽可能让宝宝享受吃饭的乐趣！

鸡肝西蓝花粥

鸡肝营养丰富，尤其是铁的含量，因此是宝宝的补铁佳品。

7个月以上　有助视力　补充体能

原料

鸡肝1块、西蓝花2小朵、大米适量

做法

1. 准备食材：把鸡肝焯水；西蓝花焯熟；鸡肝和西蓝花都切碎。
2. 把大米淘好，放入电饭锅，快熟时放入鸡肝，出锅时放西蓝花搅拌好即可。

★ Tips ★

鸡肝不仅含有大量的铁，它的维生素 A 的含量更是惊人，超过了奶、蛋、肉、鱼等食品。宝宝常吃鸡肝，可以使眼睛明亮，精力充沛。

山药小米粥

做法简易而且成本很低，但是营养价值很高，而且有很好的食疗功效。

7个月以上　敛虚汗　防治腹泻

原料

山药 20 克、小米适量

做法

❶ 把小米洗干净，山药削皮切成丁，洗干净。

❷ 锅里放入清水、小米和山药，用旺火煮沸后，文火熬熟盛出。

★ Tips ★

小米含蛋白质，比大米高；含脂肪 1.7 克，碳水化合物 76.1 克，都不低于稻、麦。一般粮食中不含有的胡萝卜素，小米每 100 克中含量达 0.12 毫克，维生素 B_1 的含量更是位居所有粮食之首。

南瓜燕麦粥

特别适合便秘的宝宝食用。

7个月
以上

氨基酸
丰富

调理
肠胃

原料

燕麦 30 克、南瓜 50 克

做法

❶ 南瓜洗净，削皮，切小块。

❷ 南瓜放入锅中，小火煮 8 分钟，再加入燕麦，继续小火煮 2 分钟即可。

★ Tips ★

　　燕麦富含蛋白质、磷、铁、钙等营养素，与其他粗粮相比，其所含人体必需的 8 种氨基酸均居首位，而且在调理消化道功能方面，所含维生素 B_1、维生素 B_2 更是功效卓著。

大米冬瓜粥

很适宜宝宝夏天食用。

7个月以上　清热解毒　利尿去火

原料

大米 50 克、冬瓜 20 克

做法

❶ 大米淘洗干净，浸泡 1 小时；冬瓜洗净，去皮，切成小丁。

❷ 将冬瓜和大米一起熬煮成粥即可。

★ Tips ★

冬瓜含有蛋白质、胡萝卜素、膳食纤维和钙、磷、铁等营养成分，且钾盐含量低。

芹菜小米粥

芹菜富含铁，缺铁性贫血的宝宝宜常吃。

8个月
以上

降低
血压

健脑
镇静

原料

小米 50 克、芹菜 30 克

做法

❶ 小米洗净，加水放入锅中，熬成粥。

❷ 芹菜洗净，切成丁，在小米粥熟时放入，再煮 3 分钟即可。

★ Tips ★

小米含有多种维生素、氨基酸等人体所需的营养物质，其中维生素 B_1 的含量位居所有粮食之首，对维持宝宝的神经系统正常运转起着重要作用。

鱼肉粥

鲜香的鱼肉粥，暖暖的味道，是比较有营养的滋补品。

8个月以上　有益视力　促进智力发育

原料

大米30克、鱼肉50克、葱花适量、香菜适量

做法

❶ 大米淘净；鱼肉去刺，剁成泥。

❷ 将大米入锅煮成粥，煮熟时下入鱼泥、香菜、葱花煮沸即可。

★ Tips ★

鱼肉中的牛磺酸可抑制胆固醇的合成，促进宝宝的视力发育，并且鱼肉中含有DHA，对宝宝的智力发育也有良好的促进作用。

平菇蛋花粥

平菇富含氨基酸、蛋白质、矿物质等营养成分。

8个月以上　氨基酸丰富　增进智力

原料

平菇 50 克、生鸡蛋黄 1 个、青菜适量

做法

❶ 平菇洗净，撕成小条；生鸡蛋黄打散；青菜择洗干净，切碎。

❷ 油锅烧热，倒入平菇片炒至熟。

❸ 锅内倒入适量水，加上米，煮熟后倒入炒熟的平菇片，再淋入蛋黄液和青菜末略煮即可。

★ Tips ★

平菇中氨基酸种类齐全，对增强宝宝记忆、增进智力有独特的作用。

水果粥

水果粥鲜香软滑，可口又营养。

9个月以上 · 有助消化 · 有益肠道运转

原料

苹果半个、香蕉半根、哈密瓜 1 小块、木瓜一小块、橙子少许、大米适量

做法

❶ 大米淘洗干净，浸泡 1 小时；苹果洗净，去核，切丁；香蕉去皮，切丁；哈密瓜洗净，去皮，去瓤，切丁；木瓜、橙子去皮，切丁。

❷ 大米加水煮成粥，熟时加入苹果丁、香蕉丁、哈密瓜丁、木瓜丁、橙子丁稍煮即可。

★ Tips ★

水果粥能帮助宝宝消化，对维持肠道正常功能及辅食多样化有重要的意义。

牛肉南瓜粥

牛肉是食材中的"肉类之王"。

8个月以上　增强抵抗力　改善贫血

原料

南瓜 100 克、牛肉 100 克、大米

做法

❶ 南瓜去皮，洗净，切成丁；牛肉洗净切成小丁，余水后捞出。

❷ 在锅内放入适量水和米，大火煮开后放入牛肉丁，煮沸后，转小火煲约两小时，牛肉软烂时放入南瓜丁煮熟即可。

★ Tips ★

牛肉富含蛋白质、氨基酸，能提高人体抵抗力，特别适合生长发育期的宝宝食用。牛肉中铁的含量也很高，所以缺铁性贫血的宝宝不妨常食用。

栗子枣泥小米粥

9个月以上　帮助脂肪代谢　益气健脾

栗子内皮，可用热水煮开焖5分钟，即易去掉。

原料

小米 25 克、核仁 20 克、去皮栗子 3 只、干枣肉 7 克、清水 250 毫升

做法

❶ 红枣去核剪成小碎块，加上能盖过枣粒的清水，用搅拌机搅匀，然后用锅煮熟。

❷ 将熟枣肉入茶滤勺用刮板或小勺刮捻，过滤掉枣皮。

❸ 将小米加入电饭煲，加250毫升清水调至煮粥档煮软烂，备用。

❹ 将栗子煮熟，用勺子或叉子将煮好的栗子肉弄成小碎粒。将枣泥和小米粥混合煮开。将核桃仁弄碎。

❺ 将煮开的枣泥铺在小米粥上面，撒上核桃仁即可。

丝瓜虾皮粥

丝瓜味甘性凉，能清热、凉血、戒毒。

9个月以上　清热和胃　化痰止咳

原料

丝瓜半根、大米 40 克、虾皮适量

做法

1. 丝瓜洗净，去皮，切成小块；大米淘洗干净，用水浸泡 30 分钟。
2. 大米倒入锅中，加水煮成粥，将熟时，加入丝瓜块和虾皮同煮，煮熟即可。

★ Tips ★

丝瓜含有皂苷、丝瓜苦味素、瓜氨酸、木聚糖、蛋白质、维生素 B、维生素 C 等成分，与大米同煮成粥，对治疗宝宝咳嗽或咽喉肿痛有一定效果。

山药胡萝卜排骨汤

9个月以上　改善体质　促进骨骼生长

宝宝的肠胃发育还不是很健全，纯排骨汤对宝宝来说偏油腻，妈妈要把汤上面的油去掉后再给宝宝喝！

原料

排骨100克、山药50克、胡萝卜半根、枸杞子5颗

做法

❶ 将排骨洗净，余水；山药去皮，洗净，切块；胡萝卜洗净，切块。

❷ 将排骨放入锅中，加适量水，大火煮开后转小火煮30分钟左右，放山药块、胡萝卜块、枸杞子，煮至排骨和山药软烂即可。

南瓜土鸡汤

煲汤选择质地细腻的砂锅为宜。

9个月以上　促进发育　补血通便

原料

无调味鸡汤适量、南瓜 50 克

做法

❶ 南瓜去皮，洗净，切丁，装盘，放入锅中，加盖隔水蒸 10 分钟。

❷ 取出蒸好的南瓜，放在碗中用勺子压成泥，加入热鸡汤划开即可。

★ Tips ★

　　南瓜富含维生素 A、氨基酸、胡萝卜素、锌等营养成分，可促进宝宝成长发育。南瓜还是补血佳品，常吃南瓜可以使宝宝大便通畅，肌肤丰美。

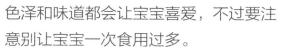

豆腐鸡肉香菇汤

9个月以上　促进发育　滋补强身

色泽和味道都会让宝宝喜爱，不过要注意别让宝宝一次食用过多。

原料

香菇 1 朵、鸡肉 20 克、豆腐 20 克、西蓝花 20 克、生鸡蛋黄 1 个、高汤适量

做法

❶ 香菇用水泡发洗净切丝；鸡肉切丁；豆腐压成泥；西蓝花烫熟切碎；生鸡蛋黄搅匀。

❷ 高汤加水煮开，下香菇丝和鸡肉丁。

❸ 再次煮开，下豆腐泥、西蓝花末和蛋液，煮 3 分钟即可。

★ Tips ★

香菇含有香菇素、胆碱、亚油酸、碳水化合物及 30 多种酶，这些营养成分对脑功能的正常发育有促进作用。

丝瓜鸡蛋疙瘩汤

9个月以上 微量元素 清热滋补

制作面疙瘩时，每次加水一定少加一些，把水均匀和面搅和后再加水。

原料

面粉 50 克、丝瓜 50 克、生鸡蛋黄 1 个

做法

❶ 丝瓜洗净，去外皮、切成丁；蛋黄打散备用。

❷ 将面粉加适量水，用筷子搅成细小的面疙瘩。

❸ 在锅中加入适量水煮沸，放入面疙瘩沸腾，再加入丝瓜丁加热 3 分钟，淋入生鸡蛋黄，搅匀即可。

★ Tips ★

丝瓜富含蛋白质、钙、磷、铁及维生素 B_1 等多种微量元素，夏天吃丝瓜可以清解热毒、消除烦热。

西红柿疙瘩汤

下入面疙瘩时，要注意用汤勺搅动，避免面疙瘩结成大块，如形成了大块，要用汤勺捻开。

原料

西红柿半个、芹菜 10 克、生鸡蛋黄 1 个、面粉适量

做法

❶ 西红柿洗净去蒂切成小块；芹菜洗净切成芹菜碎备用。

❷ 适量面粉，打入生鸡蛋黄，分次加入清水，边加水边用筷子搅拌成面团颗粒，直至将面粉搅拌成大小均匀的面疙瘩。

❸ 将西红柿在炒锅里翻炒一下，加入适量清水，煮到西红柿软烂。

❹ 下入面疙瘩搅匀，再加入碎芹菜，盖上锅盖煮 5 分钟即可。

Tips

西红柿还含有丰富的维生素 A 原，在体内转化为维生素 A，可以促进宝宝的骨骼钙化，防止宝宝患佝偻病和眼病。

软米饭

米饭是补充营养的基础食物。

8个月
以上

补中
益气

维持大
脑发育

原料

大米 50 克

做法

❶ 将米淘净后浸泡 30 分钟，
   放入电饭锅。

❷ 加 2 倍的水煮熟即可。

★ Tips ★

米饭可维持宝宝大脑、神经系统的正常发育，其提供丰富的维生素
B 族，具有补中益气、健脾养胃的功效。

西蓝花土豆泥

7个月以上 促进生长 保护视力

在制作宝宝辅食之前，为了去除菜虫和农药残留，不妨先将西蓝花放入淘米水（淡盐水也是不错的选择）中浸泡几分钟。

原料

土豆 20 克、西蓝花 10 克

做法

❶ 土豆去皮切成片，放入沸水锅中煮熟。

❷ 西蓝花洗净，取嫩的骨朵入沸水焯一下，捞出剁碎。

❸ 将蒸好的土豆碾成泥，土豆与西蓝花搅匀，捏成球状。

★ Tips ★

西蓝花对宝宝益处颇多，不仅能促进宝宝生长，维持牙齿及骨骼发育，还有保护视力和提高记忆力的作用。

红薯红枣泥

8个月以上　促进发育　有助消化

红枣中糖分过多，容易引发龋齿，宝宝吃完红枣做的辅食以后要喝点温开水。

原料

红薯半个、红枣4颗、熟鸡蛋黄1/4个

做法

❶ 将红薯洗净去皮，切块；红枣洗净去核，切碎。

❷ 将红薯块、红枣末放入碗内，隔水蒸熟。

❸ 将蒸熟的红薯、红枣以及熟鸡蛋黄加适量温开水捣成泥，调匀即可。

★ Tips ★

红薯中赖氨酸和精氨酸含量都较高，可以促进宝宝的生长发育，提高宝宝的抵抗力。它富含水溶性膳食纤维，有助于促进宝宝排便，防止宝宝便秘。宝宝脾胃功能较弱，红枣黏腻，不易消化，所以每天吃枣以不超过五颗为宜。

黄瓜泥

给宝宝喂食黄瓜泥，可帮助宝宝远离疾病。

8个月以上　多重营养　提高免疫力

原料

黄瓜 30 克

做法

❶ 黄瓜洗净，削皮，切条，放入搅拌机搅打成泥。

❷ 将黄瓜泥放入小碗中，碗口蒙上保鲜膜入锅中蒸 10 分钟即可。

★ Tips ★

黄瓜富含铁、钾、磷、钙、蛋白质、胡萝卜素、维生素 C、维生素 E 和盐酸等营养，不仅能提高人体免疫力，还对宝宝的神经系统功能发育很有好处。

猪肝泥

加入番茄，可以改善味道，利于宝宝接受。

8个月以上　微量元素　预防贫血

原料

新鲜猪肝 20 克、番茄 100 克

做法

❶ 番茄洗净，开水焯一下好去皮，切块，捣烂成泥状；把新鲜猪肝洗净去掉筋膜，切碎成泥状。

❷ 将番茄泥与猪肝泥混合搅拌；准备好蒸锅，把番茄猪肝泥放入蒸笼蒸煮 5 分钟左右取出，再捣碎一些即可。

★ Tips ★

猪肝富含丰富的钙铁锌等微量元素，与西红柿一起吃，可以有效改善宝宝食欲，防止宝宝贫血。

冬瓜肉末面

冬瓜性寒，能养胃生津，清降胃火。

原料

冬瓜 50 克、肉末 20 克、面条适量、高汤 1 勺

做法

❶ 洗干净冬瓜，削皮，切成小块，放入沸水煮熟，根据情况可以再切小冬瓜块。

❷ 沸水煮面条直到熟烂，盛出用筷子夹断面条。

❸ 将肉末和冬瓜、高汤放入锅里，大火煮开后用小火焖10分钟左右，盛出倒在烂面条上，用筷子拌匀即可。

西红柿鱼泥

宝宝吃鱼顺序：河鱼—海鱼—贝壳类（虾、蟹等）。

8个月以上 | 蛋白质来源 | 矿物质

原料

鱼肉 50 克、西红柿半个

做法

❶ 将鱼去皮、去刺，放入盘内上锅蒸熟，将熟鱼肉捣烂。

❷ 西红柿用开水烫一下，剥去皮，捣成碎末。

❸ 将鱼泥与西红柿泥加温水调匀即可。

★ Tips ★

鱼肉的蛋白质含有人体所需的多种氨基酸，进入宝宝体内，几乎可以全部被吸收，所以鱼肉是优质的蛋白质来源，非常适合宝宝食用。

猪肝青菜面

9个月以上　促进骨骼发育　预防贫血

猪肝和青菜是一对绝妙搭配，适合宝宝食用。

原料

猪肝 30 克、青菜 2 颗、面条适量

做法

1 猪肝洗干净，用盐水泡半小时，切好；青菜洗净，开水烫好，切成青菜末。

2 锅里放少量水烧开后倒入切好的猪肝，猪肝熟得快，变色后，捞出剁成泥。

3 锅里加水，水开后下适量面条。面条煮软烂之后放青菜，青菜熟后放入肝泥，再开锅即可。

★ Tips ★

这道辅食可以为宝宝提供丰富的钙元素，并且猪肝中含有铁元素，不仅可以促进宝宝的骨骼发育，还对预防宝宝贫血很有好处。

鱼泥豆腐羹

妈妈的辅食单上必不可少的一道贴心辅食。

9个月以上　促进生长　增强抵抗力

原料

鱼 20 克、豆腐 50 克，姜片、香油、葱花适量

做法

❶ 将鱼肉洗净加姜片，上蒸锅蒸熟后去骨刺、去掉姜片，捣烂成鱼泥。

❷ 将水烧开放入切成小块的嫩豆腐，煮沸后加入鱼泥，再加入少量的香油、葱花即可。

★ Tips ★

鱼肉和豆腐都是高蛋白和高钙食品，鱼肉含水分高、肌纤维短，它与豆腐结合，钙容易消化吸收。

肉末豆腐

由于是给宝宝吃，所以注意不要加入辣椒。

9个月
以上

丰富
钙质

强健
大脑

原料

豆腐 1 块、肉末少许

做法

❶ 豆腐洗净，切丁。

❷ 锅烧热，加植物油，放肉
末炒熟，再放豆腐丁同炒，
翻炒均匀即可。

★ Tips ★

豆腐与肉末都可以给宝宝吃，两者搭配起来鲜嫩可口，可强壮身体，
改善体质，对大脑发育也很有益处。

鲜虾冬瓜

虾含有丰富的蛋白质与矿物质。

9个月以上　保护心血管　增强体质

原料

冬瓜 100 克、鲜虾 5 只、植物油两滴

做法

❶ 冬瓜洗净，去皮，切片；鲜虾去头，去壳，去虾线，洗净。

❷ 炒锅烧热，加两滴植物油，放入鲜虾煸炒片刻，加水烧开后，放入冬瓜片煮 5 分钟即可。

★ Tips ★

　　鲜虾冬瓜汤含有多种维生素和人体必需的微量元素，可调节人体的代谢平衡。此汤还有良好的清热解暑功效。

10~12 月

慢慢加大辅食的量吧

宝宝已经长到这么大啦，爸爸妈妈应该逐渐减少喂奶的次数，增加辅食的量，逐渐转变到以食物喂养为主。

宝宝白天进食的时间可以与大人相同，但是不要直接给宝宝吃大人的食物。大人的食物调味品比较多，所以还是要给宝宝单独做辅食，注意要烂、细、软、淡，适合宝宝的消化系统。

爸爸妈妈需要注意，宝宝与宝宝之间总是有着很明显的饮食差异，所以没有必要进行绝对的比较，只要宝宝正常发育，有着正常指标的体重、身高、头围，那么喂养就是成功的。

另外，爸爸妈妈要尊重宝宝的个性及好恶，懂得要让宝宝快乐进食。宝宝不愿意吃的时候，不要强迫进食，也不要追着宝宝喂饭，否则会造成不良的进餐习惯，不利于宝宝消化吸收。

黑米山药百合粥

黑米不好煮，需要提前一天浸泡。

10个月以上　补铁补血　健脾暖肝

原料

大 米 20 克、 黑 米 20 克、山药 20 克、干百合 10 克

做法

❶ 将大米、黑米淘洗干净；山药去皮，洗净，切丁；干百合洗净，泡发。

❷ 锅内加入适量水，煮开后放入大米、黑米，熬成粥，再放入山药丁、百合，转小火熬煮至熟即可。

★ Tips ★

此粥食材种类多，营养均衡，富含碳水化合物、维生素 B 族、蛋白质、膳食纤维等营养成分，能提供宝宝身体正常运转的大部分能量。

绿豆莲子粥

提前泡好绿豆和莲子，制作起来更省时。

10个月以上　清热去火　安神助眠

原料

绿豆 20 克、莲子 20 克、大米 20 克

做法

❶ 将绿豆、莲子、大米洗净，浸泡 1 小时。

❷ 将绿豆、莲子、大米入锅，加适量的水熬成粥即可。

★ Tips ★

绿豆莲子粥中的钙、磷、钾非常丰富。莲子还含有蛋白质、铁、维生素等营养成分，有助于宝宝骨骼和牙齿的发育，还有助于增强宝宝记忆力。

鸭血青菜粥

鸭血不仅补铁，还清热解毒。

10个月
以上

保护宝宝
肝脏

原料

鸭血 1 小块、青菜少许

做法

❶ 将鸭血放入高汤中，煮熟。

❷ 将煮熟后的鸭血碾成细小颗粒，加入粥中，再煮片刻，放入切碎的青菜，即可给宝宝食用。

★ Tips ★

动物血不仅能提供优质蛋白质，而且还含有利用率较高血红素铁质，有助于宝宝生长发育。

火腿藕粥

藕既富营养，又易于消化，对宝宝肠胃发育有益处。

10个月以上　生吃清热　熟吃养胃

原料

米粥 50 克、藕、火腿各 50 克、高汤 50 毫升

做法

❶ 藕洗净，去皮，切碎；火腿切丁。

❷ 将火腿丁、藕碎放入高汤中煮 20 分钟左右，倒入米粥再焖一会儿即可食用。

★ Tips ★

莲藕散发出一种独特清香，还含有鞣质，有一定健脾止泻作用，能增进食欲，促进消化，开胃健中，有益于胃纳不佳，食欲不振者恢复健康。

鲜虾菜心粒粥

大虾营养丰富，富含磷、钙，对宝宝
尤有补益功效

原料

粥底 100 克、海虾两只、菜心
50 克、姜片适量

做法

① 鲜虾去虾肠、剥去虾壳，洗
净沥干水分。菜心洗净，切
成小粒，备用。

② 大火烧热炒锅中的油至八成
热，放入姜片、菜心爆炒两分
钟，捞起备用。

③ 大火煮滚粥底，放入虾仁、
菜心粒滚煮 6~7 分钟即可。

★ Tips ★

菜心粒需先爆炒以去除菜青味，这样煮出的粥没有青涩的味道。虾的鲜红
与菜心粒的青绿交相辉映，颜色明丽，且虾肉鲜甜爽口，是非常清爽的一道粥。

胡萝卜玉米糁粥

粗粮不宜消化，一定要煮烂熟透。

原料

玉米糁、胡萝卜

做法

❶ 先将玉米糁煮烂。

❷ 将胡萝卜切碎放入玉米糁中，煮熟。空腹食。

★ Tips ★

　　当宝宝出现消化不良、食积腹痛等情形时，可以为其制作胡萝卜玉米糁粥，因为这是一款有助消化、防治便秘的营养好粥。

胡萝卜瘦肉粥

让宝宝爱上胡萝卜。

11个月以上　有荤有素　营养均衡

原料

大米、玉米粒、胡萝卜、瘦肉

做法

❶ 把玉米粒和胡萝卜分别洗净，胡萝卜切丁，把瘦肉切丝。

❷ 把大米清洗浸泡熬成粥，然后加入玉米、胡萝卜和瘦肉丝一起煮10分钟。

★ Tips ★

玉米纤维含量高，营养丰富，可防治宝宝便秘。胡萝卜能提供丰富的维生素 A，可防止呼吸道感染，促进宝宝的视力发育正常。

什蔬浓汤

让宝宝爱上吃蔬菜。

原料

西红柿1个、黄豆芽50克、土豆1个、高汤适量

做法

❶ 黄豆芽洗净，切段；土豆、西红柿洗净，切丁。

❷ 高汤加水煮开后放入所有蔬菜，大火煮沸后，转小火，熬制浓稠状即可。

★ Tips ★

如果宝宝正在拉肚子或者是其他腹泻性疾病，千万不要再放西红柿。西红柿可以帮助消化，性胃寒，无论何种原因导致的腹泻都应忌食性寒食物，否则会加重胃肠受凉，增加治疗难度。

黑芝麻核桃糊

黑芝麻糊的浓稠度可以根据宝宝喜好，酌量添加沸水来进行调整。

11个月以上　滋养身体　补充热量

原料

黑芝麻 50 克、核桃仁 50 克

做法

❶ 将黑芝麻碾磨成粉，将核桃仁碾碎。

❷ 用开水将黑芝麻粉冲开，搅拌。

❸ 撒上核桃仁碎末。

★ Tips ★

黑芝麻糊需要的原材料，一次可以炒多一点，放入密封容器中保存。

丝瓜肉末面条

丝瓜有很好的消暑和下火的功效，有助于预防和治疗宝宝身上的热痱。

原料

丝瓜四分之一根、面条半袋、葱少许

做法

1. 将丝瓜刨皮切成小块。
2. 锅中加水烧开后，下肉末煮熟。
3. 加丝瓜，再次煮沸后加面条。
4. 小火继续烧五六分钟，关火。
5. 撒少许葱花即可。

★ Tips ★

宝宝第一次吃丝瓜肉末面条，不宜吃太多，注意观察其反应。如果宝宝喜爱，可从第二次喂食开始慢慢地加量。

虾仁香菇面

虾仁的通乳作用较强，并且富含磷、钙，对小儿有显著的补益功效。

原料

面条 50 克、香菇 1 只、去壳鲜虾仁 2 只、小油菜 1 棵、骨头汤适量

做法

1 白萝卜去皮切片，小油菜、香菇去蒂洗净，分别入沸水焯一下，然后切成丝。

2 虾仁洗净入沸水中烫熟，捞出备用。

3 骨头汤烧开放入白萝卜、拉面煮熟，下虾仁、油菜、香菇煮熟，盛出即可。

★ Tips ★

这道面配了香菇、洋葱、鲜虾等，增加了面的营养价值。关于香菇，可以用鲜的，也可以用泡发的干香菇。

排骨青菜面

12个月
以上

简单
方便

排骨
大餐

骨头里含有大量的钙，多喝排骨汤对孩子的成长有好处。

原料

排骨50克、青菜1小棵、面条30克

做法

❶ 排骨洗净，入沸水焯一下。

❷ 将排骨放入锅内，加适量水，大火煮开后，转小火炖两个小时。

❸ 盛出排骨汤放入另一个锅中，放入面条煮熟，加入切碎的青菜即可。

★ Tips ★

排骨汤面除含蛋白质、维生素外，还含有大量磷酸钙、骨胶原、骨黏蛋白等，可为宝宝提供钙质，促进宝宝骨骼和牙齿的生长。排骨中的优质蛋白和脂肪酸能促进宝宝的成长发育，并且改善宝宝的缺铁性贫血症状。

虾仁什锦豆腐羹

这个时候的宝宝辅食，需要维生素与钙质的补充。

12个月以上　营养丰富　宝宝最爱

原料

豆腐 30 克、虾仁 30 克、平菇 20 克、胡萝卜、木耳、葱花、竹笋适量

做法

❶ 豆腐切成小丁。

❷ 虾仁、竹笋、平菇、胡萝卜、木耳分别洗净，再用水焯一下，切丁。

❸ 锅中加水煮沸，放豆腐丁、平菇丁、虾仁丁，竹笋丁、胡萝卜丁、木耳丁，煮熟，出锅前撒上葱花即可。

★ Tips ★

这道食谱含有丰富的氨基酸、蛋白质、维生素、钙等营养成分。并且这道辅食的食材都是丁状，可以锻炼宝宝的咀嚼能力。

南瓜山药米饭

将山药削皮之后，和南瓜一起搭配米饭蒸，不仅味道香，营养更丰富。

11个月以上　刺激肠胃蠕动　营养丰富

原料

大米适量、南瓜 30 克、山药丁 20 克

做法

❶ 南瓜去籽，去皮，切小丁；山药去皮，切小丁。

❷ 南瓜丁与山药丁混大米下锅蒸熟即可。

★ Tips ★

山药是一种很好的蔬菜，除营养价值丰富，包括维他命 B_1、B_2、C 以及钙、铁、磷等矿物质外，还具有健脾胃、易肾气，及增加免疫的功能。

虾仁蛋炒饭

（12个月以上）（颜色丰富）（营养均衡）

富含碳水化合物、蛋白质、矿物质以及多种氨基酸和维生素。

原料

米饭半碗、鸡蛋1个、香菇2朵、虾仁5个、胡萝卜半根、植物油适量、盐适量、葱花适量

做法

❶ 鸡蛋打散倒入米饭搅匀。

❷ 胡萝卜洗净、切丁，焯熟；香菇洗净，切丁。

❸ 油锅置火上，油热后倒入虾仁略炒，加米饭，翻炒至米粒松散，倒入胡萝卜丁、香菇丁、葱花，翻炒均匀，加盐调味即可。

★ Tips ★

可以提供人体所需的营养、热量，容易消化吸收，而且颜色丰富，最能引起宝宝的食欲。

三文鱼饭

三文鱼中含有丰富的不饱和脂肪酸，它是宝宝脑部、视网膜及神经系统发育必不可少的物质。

原料

萝卜苗 15 克、熟米饭 80 克、三文鱼一小块、植物油 2 毫升

做法

❶ 萝卜苗切段。

❷ 砂锅中放清水、熟米饭和几滴植物油煮开。

❸ 煮到米粒开花后关火，加入三文鱼煮熟，再放入萝卜苗烫熟。

❹ 将饭盛到碗中，拌入三文鱼即可。

★ Tips ★

三文鱼富含 DHA，有助宝宝智力发育；萝卜苗的维生素 A 含量是柑橘的 50 倍，维生素 C 的含量超过柠檬 1.4 倍。增加富含维生素 A、维生素 C 的辅食可有效减少感冒发生率。

鸡蛋羹

宝宝1岁以后可以开始吃整蛋了。

原料

鸡蛋、水、香油

做法

① 将鸡蛋打碎放在碗里搅拌均匀，并倒入少许温水搅拌均匀。

② 锅中倒入水，将放鸡蛋的碗坐入锅中，中火煮大约 5 ~ 10 分钟。

③ 将碗端出，就会得到一份香香的鸡蛋羹。

④ 在鸡蛋羹表面倒入少许香油，将会更加美味可口。

鸡汤馄饨

馄饨皮薄，滑嫩，加上营养丰富的内馅，最合适作为宝宝辅食。

原料

猪肉末 50 克、裙带菜 2 棵、馄饨皮 10 张、鸡汤适量、葱花少许

做法

❶ 将裙带菜洗净，切成碎末，与猪肉末拌匀做馅儿；无盐鸡汤适量撇去油。

❷ 包成十个小馄饨。

❸ 鸡汤烧开，下入小馄饨，煮熟时撒上葱花即可。

★ Tips ★

猪肉除了脂肪含量高，蛋白质和维生素 B 的含量也很丰富，可使身体感到更有力气。此外，猪肉还能提供人体必需的脂肪酸。

红豆沙

香甜的红豆沙能够促进宝宝的食欲。

原料

红小豆 50 克，红糖、清水适量，植物油少许

做法

❶ 将红小豆拣去杂质洗净，用压力锅焖煮至软烂。

❷ 将焖烂的红小豆加糖一起放入搅拌机，加少许煮豆的水，搅打成豆沙。

★ Tips ★

红小豆含有丰富的 B 族维生素和铁质，还含有蛋白质、脂肪、糖类、钙、磷、尼克酸等成分，具有清热利尿、祛湿排毒的作用。

云吞面

云吞和面条搭配得宜，可以增强免疫力，平衡营养。

12个月以上　云吞和面条　搭配得宜

原料

云吞少许、面条一小把、鸡汤少许、青菜 2 小棵

做法

❶ 将云吞和面条分别煮熟。

❷ 将煮熟后的云吞和面条下入鸡汤中，再烫熟青菜即可食。

★ Tips ★

云吞面能提供足够的能量，而且很显然，在煮的过程中会吸收大量的水，故能产生较强的饱腹感。

给宝宝来点酸奶果仁

宝宝身体发育比较快速，这时候为宝宝准备的饮食一定要保证营养均衡，满足宝宝对营养的需求。辅食要转向以多种食物、混合食物为主，而此时宝宝的消化系统尚未完全成熟，因此要根据宝宝的生理特点和营养需求，为他制作可口的食物。

应该注意：

1. 多吃蔬菜、水果。宝宝每天营养的主要来源之一就是蔬菜，特别是橙绿色蔬菜，如：西红柿、胡萝卜、油菜、柿子椒等。可以把这些蔬菜加工成细碎软烂的菜末，炒熟调味，给宝宝拌在饭里喂食。要注意水果也应该给宝宝吃，但是水果不能代替蔬菜，13～24个月的宝宝每天应吃蔬菜、水果共150-250克。

2. 适量摄入动植物蛋白。在肉类、鱼类、豆类和蛋类中含有大量优质蛋白，可以用这些食物炖汤，或用肉末、鱼丸、豆腐、鸡蛋羹等容易消化的食物喂宝宝。13～24个月大的宝宝每天应吃肉类40-50克，豆制品25-50克，鸡蛋1个。

3. 牛奶中营养丰富，特别是富含钙质，利于宝宝吸收。因此这一时期，牛奶仍是宝宝不可缺少的食物，每天应保证摄入250-500毫升。

鲜虾蔬菜粥

营养丰富的味粥。

原料

西蓝花 2 朵、胡萝卜 1/4 根、鲜虾仁 5 个、大米适量

做法

1 西蓝花掰成小朵，用盐水泡一下，洗净；胡萝卜洗净，切薄片；鲜虾去头，去壳，去虾线。

2 西蓝花、胡萝卜放入锅中焯熟至软；鲜虾在锅中煸炒片刻。

3 大米适量，加三倍水，煮至黏稠，放入西蓝花、胡萝卜、鲜虾搅拌片刻即可。

★ Tips ★

　　鲜虾营养丰富，富含丰富的微量元素，与蛋白质、西蓝花、胡萝卜搭配使营养更均衡，增强宝宝的免疫力。

虾皮肉末小白菜粥

宝宝处于成长发育的关键时期，补钙就成了妈妈们的头等大事。

原料

虾皮、瘦肉末少许、小白菜1棵、大米适量

做法

1 虾皮洗净，用热开水泡掉咸味。小白菜切成丝。

2 大米熬煮成粥，放瘦肉末、虾皮，煮熟，最后加入小白菜丝，略煮片刻即成。

★ Tips ★

平常给宝宝吃辅食，只要注意合理搭配，就无需担心宝宝的营养问题。虾皮肉末小白菜粥作为一道理想辅食，能为宝宝提供全方位营养，尤其是补钙效果显著，很适合宝宝食用。

紫薯豆浆

紫薯除具有普通红薯的营养成分外，还富含硒元素和花青素。

13个月以上　色泽漂亮　营养丰富

原料

紫薯 2 枚、黄豆 2 小杯、清水适量

做法

❶ 清水泡黄豆一夜，可以睡觉之前泡第二天早晨喝。紫薯洗净，不用去皮，切成小丁。

❷ 将黄豆中的水滤去，与紫薯混合。倒入豆浆机，加适量清水，按下豆浆键。

❸ 打好紫薯豆浆后，再用过滤网过滤一下就可以了。

★ Tips ★

1 岁以上的宝宝才可以食用豆浆。

鸡蛋黄瓜面片

黄瓜中所含的纤维素能促进肠内腐败食物排泄，有效缓解便秘。

原料

鸡蛋 1 只、黄瓜 1 根、面片 1 两半

做法

❶ 黄瓜切片备用。

❷ 鸡蛋打散备用。

❸ 锅里放水，烧开后下入面片，面片快煮熟时加入黄瓜。

❹ 把鸡蛋液一点点倒入锅中。

❺ 加一点盐和香油调味。

★ Tips ★

黄瓜中含多种营养素，对宝宝的健康发育很有好处。黄瓜搭配鸡蛋还可以清火去毒。

松仁玉米

松仁玉米在东北菜里非常有代表性，含有丰富的卵磷脂和维生素E。

13个月以上 　维生素E　 促进智力发育

原料

松仁 50 克、玉米粒 50 克

做法

❶ 锅中倒入适量油，油热后倒入玉米粒翻炒。

❷ 翻炒几下后，加入松仁，一起翻炒均匀。

❸ 如果有胡萝卜丁和豌豆可以加入其中。

❹ 可加少许牛奶熬煮一会儿，增加一些奶香。

★ Tips ★

松仁玉米具有降低胆固醇、刺激肠胃蠕动、防止细胞衰老以及促进脑功能发育等功效。

粗粮饼干盆栽酸奶

创意酸奶制作。

 13个月
以上

 帮助
消化

 成长
必需

原料

酸奶200毫升、麦麸饼干（消化饼）1袋、薄荷叶少许

做法

❶ 麦麸饼干放入保鲜袋后，用擀面杖擀碎。

❷ 酸奶放入容器中。

❸ 把饼干碎撒在酸奶上，最后用薄荷叶进行装饰。

★ Tips ★

把麦麸饼干换成巧克力饼干，会更有泥土的感觉哦。

五色蔬菜

同时食用多种不同颜色的蔬菜，取长补短、互通有无。

13个月以上　营养全面　增进食欲

原料

土豆、胡萝卜各半个，荸荠3个，蘑菇2朵，黑木耳3朵，盐、植物油适量

做法

❶ 黑木耳用水泡发，洗净；将土豆、荸荠洗净削皮；蘑菇、胡萝卜洗净。

❷ 锅内加油烧热，先炒胡萝卜片，再放入蘑菇片、土豆片、荸荠片、黑木耳翻炒，炒熟后加适量盐调味即可。

★ Tips ★

五色蔬菜颜色搭配非常漂亮，能一下子吸引宝宝的注意力，从而提高宝宝的食欲。五色蔬菜营养丰富，既可以促进宝宝的身体发育，还可促进宝宝的大脑发育，提高智力水平。

海苔肉松面

简单辅食，宝宝最爱。

原料

海苔肉松少许、面条一小把、鸡汤或者骨头汤一小碗、葱花少许

做法

❶ 面条煮熟。

❷ 加入热的鸡汤或者骨头汤。

❸ 拌入海苔肉松，撒上葱花即成。

★ Tips ★

肉松需要保存时，必须彻底冷却后才能放入密封罐子里。

芝麻酱鸡丝凉面

芝麻酱营养丰富，所含的脂肪、维生素E、矿物质等都是儿童成长必须的。

16个月以上 | 补锌补钾 | 营养美味

原料

芝麻酱两勺、鸡胸肉一小块、黄瓜半根、凉面1两半

做法

❶ 芝麻酱加凉白开少许，稀释，和匀。

❷ 鸡胸脯肉煮熟，撕成鸡丝备用。

❸ 黄瓜洗净切丝。

❹ 面条煮熟沥干晾凉后，摆上黄瓜丝和鸡丝，浇上芝麻酱即成。

★ Tips ★

煮好的面条放入备好的凉开水中，捞出来还是温热的，这样拌好的面也不是特别凉。

鲜虾白汁意大利面

16个月以上　海鲜大餐　营养丰富

意大利面口感偏硬，可以煮软烂些再给宝宝食用。

原料

意大利面100克、黄油1汤勺、虾2只、大蒜2瓣、柠檬半个、番茄酱2勺、欧芹少许

做法

1 煮熟意面。

2 锅置火上加热，倒入黄油，然后加入蒜，炒出香味。

3 加入虾，煸炒至虾变成红色。

4 加番茄酱、意大利面、挤柠檬汁。

5 加盐调味。

6 出锅前，撒上欧芹叶即可。

奶酪蘑菇意面

意大利面香醇劲道，奶酪蘑菇最美味。

16个月以上　强健体格　帮助发育

原料

意大利面 100 克、黄油 1 汤勺、蘑菇 5 朵、帕玛森奶酪少许、牛奶少许

做法

❶ 煮熟意面。

❷ 锅加热，倒入黄油，然后加入切碎的蘑菇煸炒。

❸ 加一点牛奶，加入意大利面，加盐调味。

❹ 出锅前撒上奶酪碎即可。

★ Tips ★

如果有迷迭香、罗勒叶等材料，不妨加上一些，那样味道会更可口。

肉丸青菜面

肉丸可以多做出来一些，放在冰箱中冷藏。

16个月以上　强健体格　增强抵抗力

原料

猪肉、青菜、面条、淀粉适量

做法

❶ 将猪肉剁成肉泥，点少许醋去腥味，加盐煨好。

❷ 烧好一锅水，在煨好的猪肉馅中加适量淀粉和水调匀，用汤匙舀成丸子，放入温开水中。

❸ 煮面条，然后加入做好的肉丸和青菜，煮熟即可。

★ Tips ★

用汤匙舀成丸子时，注意水温不要太高，否则肉丸会被煮散。

蔬菜三明治

蔬菜中含有宝宝生长发育必需的各种维生素及矿物质，减少煎炒烹炸最健康。

20个月以上　全方位营养　成长必需

原料

吐司面包2片，西红柿2片，洋葱小半个，马苏里拉奶酪、黄油少许

做法

① 吐司面包片上涂抹一层薄薄的黄油。

② 洋葱切小粒，西红柿切片，备用。

③ 依次放入洋葱和西红柿，最后撒上马苏里拉奶酪。

★ Tips ★

涂抹一层薄薄的黄油，是为了面包片不被蔬菜浸湿。

迷你小比萨

宝宝生长最需要含钙丰富的食品。

20个月以上　成长必需　全方位营养

原料

一片面包片切四块、西红柿4个、彩椒（红黄绿各半个）、午餐肉一片、片装奶酪一大片、少许欧芹

做法

❶ 首先将西红柿切成片，青椒切丝，午餐肉切小块，片装奶酪切小块。

❷ 把面包平铺在盘中，将材料均匀地铺在上面，再把奶酪放在顶部。

❸ 将准备好的自制比萨放入微波炉中加热1分钟，看到奶酪融化取出，再以欧芹装饰即可。

★ Tips ★

奶酪是牛奶的精华，乳品中的"黄金"，也是含钙最多的奶制品，而且这些钙很容易被吸收。250毫升牛奶的含钙量才相当于40克奶酪。

虾仁牛油果沙拉

牛油果是宝宝辅食最好的食材。

13个月以上　健胃清肠　保护肝脏

原料

虾仁 3 粒、牛油果 1 个、沙拉酱 2 勺

做法

① 虾仁热水焯熟。牛油果切小块。

② 浇上沙拉酱即可食用。可以撒少许盐和胡椒调味。

★ Tips ★

沙拉酱味美，但热量高。体重超标的小宝宝，可以用酸奶代替沙拉酱，也很美味哦。

杏仁蔬菜沙拉

蔬菜生吃，维生素和矿物质含量更高。

16个月以上　调整肠道　提高抗病力

原料

沙拉叶、彩椒、青瓜、樱桃西红柿等蔬菜各少许、杏仁油醋汁（2 份橄榄油加 1 份意大利黑醋混合，加盐调味即成，或者也可选用沙拉酱）

做法

1 沙拉叶洗干沥水。

2 各式蔬菜切小块。

3 杏仁用擀面杖擀碎。

4 沙拉叶和蔬菜混合，浇上油醋汁或者沙拉酱，上面撒一些杏仁粒即成。

★ Tips ★

杏仁等坚果在食用时候要格外小心，最好把坚果压碎后再给宝宝食用，以防噎到宝宝，出现窒息危险。

酸奶水果沙拉

用酸奶代替沙拉酱，更健康。

原料

各式水果少许、酸奶 100 克

做法

❶ 水果切小块。

❷ 酸奶代替沙拉酱，把水果拌匀。

★ Tips ★

酸奶补钙，水果富含维生素。酸奶需要那种黏稠的，不能用优酸乳饮料代替。

酸奶果仁

果仁健脑益智，宝宝可以适量食用。

原料

酸奶150克、果仁少许（可选用杏仁、开心果、核桃等）

做法

❶ 果仁用擀面杖擀碎。

❷ 把果仁撒在酸奶上即可食用。

★ Tips ★

酸奶建议选择自制酸奶或者稠厚状的希腊酸奶，这样才可以撑起果仁的厚度和重量。

面包香蕉果酱

宝宝很容易吃上瘾的美餐。

20个月以上　润肺健胃　降压安神

原料

吐司面包2片、果酱少许、香蕉一根

做法

❶ 吐司面包去掉四边。

❷ 涂上果酱。

❸ 香蕉切片，放在果酱上。

❹ 再淋一层果酱即成。

★ Tips ★

果酱尽量选用无糖型或者低糖型果酱，减少宝宝对糖的摄入。

西红柿炒鸡蛋

宝宝最爱的、最具有妈妈味道的菜肴。

16个月以上　红黄相间　鲜香酸甜

原料

西红柿 1 个、鸡蛋 1 个、盐少许

做法

❶ 将西红柿切块备用。

❷ 鸡蛋打散，下锅炒熟。

❸ 鸡蛋和西红柿合炒在一起，加盐少许。片刻后即成。

★ Tips ★

　　购买番茄时，要挑成熟的番茄。市面上有的番茄虽然红，但未必就熟了，买时可以捏一下，很硬的不要买，要选柔软适中的。

酸奶水果麦圈

每日饮用酸奶，补钙又健康。

 16个月以上　 骨骼发育　 增强免疫力

原料

酸奶150~200毫升、麦圈少许、各式什锦水果适量

做法

❶ 水果去皮，切小粒备用。

❷ 酸奶上放入麦圈和水果。

★ Tips ★

酸奶水果麦圈作为宝宝早餐或者加餐都很适合。

鱼丸粉丝小油菜汤

为宝宝多备些鱼丸很方便。

原料

鱼丸100克、小油菜、粉丝各50克；

盐、鸡精、葱姜末、枸杞子各适量

做法

❶ 粉丝剪成段，用清水洗净。小油菜洗净，枸杞子洗净。

❷ 清汤下锅，大火烧沸，加鱼丸，轻轻搅动，撇去浮沫，煮至鱼丸全部浮上水面。

❸ 加入小油菜、粉丝、枸杞子，大火煮沸后，加入盐、鸡精、葱姜末调味即可。

排骨香菇青菜汤

青菜可选用小油菜、小白菜等绿叶蔬菜。

16个月以上　促进成长　营养丰富

原料

排骨半斤、香菇 3 朵、青菜少许

做法

1 排骨洗净焯水后，入汤锅加水煮熟成排骨汤。香菇事先放热水中泡发好，切丝备用。
2 青菜洗净备用。
3 在熬煮好的排骨汤中放入香菇煮六七分钟，然后加入青菜，略煮一两分钟关火即可。

★ Tips ★

可以事先熬制后排骨汤，分装，冷冻在冰箱中。

奶油南瓜汤

可爱的奶黄色汤，加上牛奶的香味，让这
一款南瓜汤成为色香味俱全的营养餐。

原料

南瓜 500 克、黄油 30 克、鲜奶油 100 毫
升、洋葱粒少许、牛肉或者鸡上汤 500 毫
升、盐和胡椒粉少许

做法

❶ 将南瓜去皮，切小粒。炒锅加热，溶解
　黄油，加入洋葱粒，炒 5 分钟至软。

❷ 加入南瓜及上汤，煮至南瓜软身。

❸ 用搅拌机将汤料搅烂，倒回锅中。

❹ 加入盐及胡椒粉，拌入鲜奶油，用文火
　煮熟，拌匀即可。

★ Tips ★

　　南瓜的营养丰富，含有维他命 A、B、C，还有丰富的乙型胡萝卜素、
葡萄精及具有高纤维等，能润肺，补中益气，对身体各方面都有很大帮
助，是非常健康的食品。

海带萝卜丝猪骨汤

海带被誉为海中蔬菜，营养丰富。

原料

海带一条、白萝卜半根、骨头汤少许

做法

❶ 骨头汤加热备用。

❷ 海带前一晚放水中泡发好，切丝，放入汤中，煮软。

❸ 白萝卜切丝放入汤中，煮至萝卜丝变软，颜色呈透明即可食用。

★ Tips ★

海带要避免与酸性水果同食，否则影响铁的吸收。

土豆丝饼

宝宝最爱香喷喷的土豆丝饼啦。

原料

土豆一个，青红椒各半个，火腿一片，鸡蛋1个，面粉、小葱少许

做法

❶ 土豆切丝，放水中焯烫2分钟，捞出来冲凉沥干备用。

❷ 青红椒、火腿切丝，小葱切碎，和土豆丝混合，加入鸡蛋，倒入面粉。加盐调味。

❸ 平底不粘锅烧热后加入一点油。用汤勺舀起一勺面糊，倒入锅中，让其自然成圆形，煎至两面焦黄即可出锅。

★ Tips ★

土豆丝饼可以配番茄沙司食用。

鸡蛋炒鱼肉

制作这道菜要注意火候，否则容易炒老。

原料

鸡蛋一只、鱼肉 20 克、葱 10 克、食用油 6 克、番茄沙司 10 克

做法

1 将葱切成碎末。

2 鱼肉煮熟，放入碗内研碎。

3 鱼泥、葱末中加入鸡蛋调拌均匀。

4 平底锅内放油，将调好的鱼泥放入锅内煎炒，至熟后把番茄沙司浇在上面即成。

★ Tips ★

鸡蛋炒鱼肉这道辅食，从色泽上很可能就把宝宝迷住，而且其味道和营养也都比较适合宝宝。

胡萝卜鸡蛋青菜饼

这道辅食色泽漂亮，营养丰富，可以促进宝宝食欲。

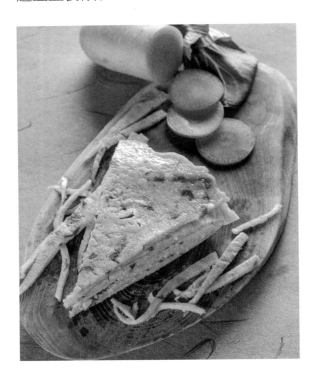

原料

胡萝卜、面粉、青菜心、鸡蛋、盐、小葱

做法

❶ 把胡萝卜切成小块加点水放入搅拌机榨成胡萝卜汁；青菜心剁碎。

❷ 把胡萝卜汁倒入干面粉中搅拌均匀，成糊糊状，加入剁碎的青菜心，打入一个鸡蛋，放点盐和小葱，搅拌均匀。

❸ 锅里放一点油转动一下锅，小火等锅烧热倒一部分面浆进去转动锅让面浆摊开，煎至金黄，然后反个面煎下就好了。

★ Tips ★

在这款宝宝食谱中，胡萝卜和菜心可以给宝宝补充维生素，鸡蛋可以补充蛋白质，都是对宝宝很有益处的食物！

记得别让宝宝饮食单一

这个时期的宝宝，应该每日三餐，两次加餐。爸爸妈妈需要注意，不要让宝宝饮食单一，以保证充足的蛋白质与每天所需热量。

为让宝宝摄取最优质的蛋白质，有些爸爸妈妈疯狂让宝宝吃各种蛋、奶、肉制品，让蛋、肉制品代替谷物和蔬菜，酸奶代替水果。更有甚者，将各种高营养素片、补养品喂给宝宝吃。应该指出，这样做是非常不合理的，对宝宝的成长发育很不利。

要知道，多多注意保持食物的多样性和营养均衡，才能真正保证宝宝健康成长。

每天至少要为宝宝选择三类食物，十种以上食品。三类食物包括谷物、乳蛋肉、蔬菜。十种以上食品不难做到，比如谷物、乳蛋肉各两种，蔬菜、水果各三种。

奶油蘑菇汤

宝宝已经可以从母乳、辅食，渐渐过渡到易消化的成人食品中。

25个月以上 　蛋白质　微量元素

原料

黄油 50 克、面粉 60 克、蘑菇 6 朵、洋葱 1/4 个、奶油 100 克、盐适量

做法

❶ 将黄油在锅中融化，加入面粉，把面粉炒熟炒香。

❷ 加大约 400 克的凉水，同时用蛋抽迅速搅拌均匀，煮至浓稠。

❸ 另起一锅，烧热，锅里加少许黄油，炒洋葱碎。

❹ 放入蘑菇炒熟，后倒入面酱汤中，一起煮。

❺ 待蘑菇面酱汤开锅后，加入奶油，出锅前加少许盐调味即可。

★ Tips ★

可以使用搅拌机搅打蘑菇汤，这样制作更简洁迅速。

番茄炒菜花

简单快炒，配大米饭最佳。

25个月以上　口味酸甜　促进食欲

原料

西红柿半个，菜花1个，胡萝卜少许（为了颜色美观和营养丰富，可选择添加），盐、白糖适量

做法

❶ 菜花撕成小朵洗净，放入盐水中浸泡片刻，然后放入开水锅中焯一下。胡萝卜切片，同样用水焯一下。

❷ 西红柿洗净，切成小块。

❸ 炒锅置火上，放入油烧至五成热，放入西红柿块翻炒，至西红柿块融化，然后加盐、白糖。

❹ 把焯好的菜花放入锅中，翻炒片刻即成。

萝卜丝鲫鱼汤

25个月以上　生津润肺　方便消化

宝宝积食，肠胃不好的时候，可以做这道萝卜鲫鱼汤。

原料

白萝卜1根、鲫鱼2条、火腿、葱、姜末少许；料酒、醋、盐、食用油少许

做法

❶ 将鲫鱼洗净，鱼身抹少许盐，可防止粘锅。

❷ 萝卜切丝，备用。

❸ 锅中放入食用油烧至七成热，放入鱼稍煎一下，再放入各种调料，加清水煮沸后加入白萝卜丝，再煮10分钟，待汤色乳白时，撒上葱末即可。

★ Tips ★

鲫鱼肉富含蛋白质，能有效增强宝宝抵抗力。但是鲫鱼刺多，家长要特别注意挑完鱼刺才可以给宝宝吃。

草鱼烧豆腐

鱼肉的各类营养价值都非常高。

25个月
以上　　动物
蛋白　　植物
蛋白

原料

净草鱼肉 100 克、豆腐 100 克、竹笋 10
克；料酒、葱末、姜末、鸡汤各适量

做法

❶ 鱼肉去刺，切小丁；豆腐切小丁；竹笋
洗净，切小粒。

❷ 炒锅放油，旺火烧至八成热，倒入鱼丁
煎至黄色。

❸ 往锅中倒入料酒，葱末、姜末煸炒。

❹ 将鸡汤倒入锅中，放入竹笋、豆腐，加
盖，转小火，焖烧约 3 分钟左右。

✦ Tips ✦

鱼肉含蛋白质、钙、磷、铁、维生素等营养物质，可促进宝宝生长
发育，具有健脾暖胃的功效。

绿豆地瓜糖水

可以用蜂蜜代替白糖。

原料

绿豆 20 克、地瓜 50 克、糖少许

做法

❶ 将绿豆用清水过滤掉杂质，洗净后，上锅用大火煮开，捞去绿豆皮，然后转小火焖煮。

❷ 将地瓜洗净去皮，切成小丁，倒入绿豆汤中，调换成中火熬煮 10 分钟左右即可出锅。食用时可根据宝宝的口味添加白糖。

* Tips *

地瓜富含维生素 A、维生素 C 和 B 族维生素，以及大量的纤维素，不但可以提高宝宝的免疫力还能起到防止便秘的功效。

小煎饺

比煮的饺子多了一层金黄焦脆。

25个月
以上

营养
全面

增加
体力

原料

饺子皮 5 张、猪瘦肉馅 20 克；姜、葱
末适量；白菜适量（也可以用油菜、小
白菜、芹菜等其他蔬菜代替）、盐适量

做法

❶ 将白菜叶剁碎，加猪瘦肉馅、适量
　葱姜末、盐等，搅拌均匀。

❷ 把馅料放入饺子皮，包成饺子。

❸ 平底锅中加一点植物油，将饺子放
　入锅中，文火煎至熟。

★ Tips ★

为了勾起宝宝食欲，可以将水饺包成其他一些形状。

萝卜排骨煲

春寒未尽时，可以多让宝宝喝些萝卜排骨汤。

原料

小排，黑木耳，萝卜、姜片少许

做法

❶ 将小排入开水锅中煮沸，焯一下，捞出去杂质。

❷ 将水烧开后，放入姜片，再把小排、水发黑木耳、白萝卜块一起放入锅里。大火煮开，再小火慢慢地炖，直至肉香萝卜酥即可。

★ Tips ★

萝卜有润肺功能，要常给宝宝食用。

什锦蔬菜炒面

25个月以上　多种蔬菜　营养齐全

妈妈们可以根据宝宝的品味，来制作营养又好吃的面条辅食，让宝宝吃一口就爱上。

原料

黄瓜半根、胡萝卜半根、鸡蛋1个、面条一小把、盐适量

做法

❶ 面条煮好，沥干备用。

❷ 鸡蛋炒熟，备用。

❸ 把黄瓜切丝，胡萝卜切丝，备用。

❹ 炒锅加热后放点油，先把胡萝卜丝炒熟，然后放入黄瓜丝炒熟。

❺ 放入面条，加盐少许一起煸炒片刻。再放入炒好的鸡蛋，即成。

海鲜意面

经典意面，海鲜大餐。

25个月以上　滋补养生　有助脑部发展

原料

大虾3只，鱿鱼少许，青口贝少许，蘑菇2朵，大蒜2瓣，淡奶油1小杯，料酒、盐适量、水1/4杯，意大利面200克

做法

❶ 将海鲜用料酒与盐腌一下。

❷ 将蒜末爆香，放入海鲜快炒。

❸ 炒熟后，加入水、淡奶油烩煮。

❶ 待酱汁煮滚后放入面条，等面条入味即可食。

红烧牛肉面

牛肉不易熟，所以为了节省时间，可选用压力比较大的汽压力锅而非耗时比较长的电压力锅。

原料

红萝卜 1 根、白萝卜 1 根、蒜 2 瓣、姜 2 片、豆瓣酱 1 大勺、盐 1 大勺、酱油半杯、糖 1 大勺、料酒 1 大勺、牛肉 1 斤、青菜适量、葱花少许

做法

❶ 牛肉切成块，放入锅中，水覆盖过牛肉，煮至沸腾，捞出。

❷ 将胡萝卜和白萝卜切块备用。

❸ 加入所有原料炒出香味，放入牛肉和热开水（盖过牛肉表面）。胡萝卜和白萝卜用汽压力锅压 10 分钟。

❹ 另起一锅清水烧开，放入青菜稍烫后捞起；面条开水入锅煮熟，捞起放入碗里，浇上牛肉汤，再放进青菜，撒上葱花即可。

★ Tips ★

牛肉可以多炖出一些。炖好的牛肉及牛肉汤分装在小保鲜盒里冷冻保存。随吃随取。加热浇在面条上即可。

香菇肉丸面

简单营养的快手面，菇香浓郁。

原料

香菇 2 朵、猪肉馅或者牛肉馅少许、葱花少许、姜末少许、面条一小把、盐少许

做法

1. 肉馅加入一点点葱花和姜末，打紧实，加盐调味。
2. 锅里放上水煮熟肉丸。
3. 加入切碎的香菇，再下入面条，煮熟即成。

★ Tips ★

肉中富含氨基酸，与菌类中的鸟苷酸结合，使菜肴口感更为鲜美。

绿酱意大利面

让宝宝适应不同口味的意面。

25个月以上　天然香草　提味增香

原料

新鲜嫩罗勒叶 2 杯、橄榄油半杯、意大利干酪少许、松仁少许、大蒜 2 瓣、意大利面适量

做法

❶ 把罗勒叶漂洗干净后甩干，干酪擦成丝。松子放在平底锅里小火焙香。蒜切碎。

❷ 把蒜放入搅拌机里打碎，然后加入罗勒叶和松仁。慢慢加入橄榄油，最后加入干酪丝。直到融合成酱即可。

❸ 把绿酱拌在意大利面上。

★ Tips ★

做好的罗勒酱可以装入保鲜盒密封，随吃随用。

西汁鱼丸

宝宝已经可以吃跟成年人差不多的食物，且对新鲜食物有着强烈的追求欲望，接受能力也很强。

原料

鱼肉 300 克、鸡蛋 1 只、青椒 25 克、山药 25 克、葱姜汁；精制油、盐、番茄酱、白糖；味精、水淀粉适量

做法

❶ 将鱼肉洗净，制成茸状，加入适量葱姜汁水、少许盐、味精搅拌，然后再加入鸡蛋、淀粉，拌匀上劲后，待用；青椒、山药切成丁。

❷ 取一个干净的炒锅，放入适量水，将鱼茸用手挤成丸子状放入水锅中，待全部做完后，将炒锅放置炉灶，烧至鱼丸全熟，捞出待用。

❸ 将锅洗净后放入少许油。烧热后，放入适量番茄酱煸炒出红油，加少许汤水，放入少许盐和白糖；烧开后，放入青椒、山药丁略烧沸一下，再放入鱼丸，待烧开后淀粉勾芡，淋少许熟油即可。

茄酱牛肉丸

营养价值很高的一道辅食，制作时需注意的是要拌匀。

原料

牛肉馅100克、蘑菇、洋葱、面包碎屑少许、鸡蛋1个、番茄1个、橄榄油适量、大蒜适量

做法

❶ 洋葱剁碎，蘑菇剁碎，加入牛肉馅，再加入面包屑和鸡蛋。

❷ 把混合物捏成小球状。番茄切碎备用。

❸ 用平底锅加热橄榄油，并用小火慢炒洋葱大蒜。加入碎番茄。小火慢煮，直至成为浓稠的酱。

❹ 用煎锅加热少许油，煎炸肉丸，不断地翻滚直至肉丸周身呈浅棕色。把酱倒入肉丸上，半掩锅盖，再以小火慢煮10分钟左右。

★ Tips ★

番茄酱和肉丸都可以提早准备出来一些，放冰箱里冷冻保存，随吃随取。需要时，可重新放火上加热，搭配大米、意大利面或土豆食用。

清蒸鳕鱼

清蒸无油最健康。

25个月以上　肉嫩味美　营养价值高

原料

鳕鱼肉、葱、姜、酱油、料酒各适量

做法

❶ 将鳕鱼洗净放入盘中。

❷ 葱、姜切细丝，置鱼身上，淋上一小勺料酒，半小勺酱油。

❸ 入锅蒸熟即可。

★ Tips ★

鳕鱼柳无刺，所以是最适合宝宝食用的鱼。

吞拿鱼三明治

25个月以上　高蛋白低脂肪　味美新鲜

口感非常讨喜，但是不要让宝宝一次吃太多。

原料

吐司面包 2 片、吞拿鱼肉碎少许、生菜 1 片

做法

❶ 在吐司面包片上先铺一层生菜。

❷ 吞拿鱼用白水煮熟，取出沥干后，用勺子碾碎。

❸ 放入吞拿鱼碎。

❹ 用勺子抹平，压紧实。吞拿鱼三明治即成。

★ Tips ★

吞拿鱼也可以用罐头装。但注意要选用水浸吞拿鱼而非油浸吞拿鱼，来降低宝宝对油脂的摄取量。

火腿煎蛋三明治

宝宝辅食上开始尝试向成人食物的过渡。

25个月以上　增加体能　具有饱足感

原料

吐司面包2片、鸡蛋1个、火腿少许、盐和胡椒粉少许

做法

1. 锅置火上加热，放少许油。
2. 油热后打一个鸡蛋下入锅中，小火煎成荷包蛋，盛出备用。
3. 用锅内余油，煸一下火腿，加入少许盐和胡椒粉，至两面煎热。吐司面包片上放入火腿和鸡蛋即可。

★ Tips ★

家里可以备些厨房用纸，煎好鸡蛋以及火腿后，都可以放在厨房用纸上吸去余油，再给宝宝吃，会更健康。

培根凯撒沙拉

一道简单美味、营养丰富的家常菜肴。

25个月以上　多种维生素　补充膳食营养

原料

罗马生菜、鹌鹑蛋、面包干、培根、帕玛森奶酪少许、凯撒沙拉酱少许、橄榄油半杯

做法

1 先制作 Crouton（油炸面包干）：将两片白面包切成指甲盖大小的小丁，然后平底锅烧热，放半杯橄榄油，翻炒直至面包丁颜色金黄。放厨纸上吸取多余的油。

2 培根切成小丁，入炒锅煸熟。

3 把罗马生菜叶撕成可以适合入口的小块，然后和油炸面包丁、培根、帕玛森奶酪和凯撒沙拉酱混合在一起。可以把煮鹌鹑蛋拌在沙拉里。

烤鸡翅蔬菜饭

在做这道辅食前，要先将鸡翅和酱油、糖、料酒一起腌渍1小时，入味。

原料

鸡翅、蔬菜任意、米饭一碗

做法

❶ 将腌渍后的鸡翅放入空气炸锅，预热200度，然后烤制10分钟即成。或者直接下油锅煎熟。

❷ 蔬菜任意，焯熟或者炒熟。

❸ 把烤好的鸡翅以及蔬菜放在米饭上即可。

★ Tips ★

蔬菜有多种选择，比如可选西蓝花、菠菜、油菜等。

163

咖喱鸡饭

宝宝的第一道南阳料理，荤素结合，促进食欲。

25个月以上　强化体能　加强抵抗力

原料

鸡胸肉1块、土豆半个、胡萝卜半个、洋葱半个、块状咖喱1块、橄榄油适量、盐少量

做法

❶ 将土豆、胡萝卜去皮切小丁，洋葱切小丁，鸡胸肉切小丁。

❷ 锅烧热放入适量橄榄油，放入土豆丁煸炒，然后放入胡萝卜煸炒。盛出备用。

❸ 锅里留底油放入洋葱和鸡丁翻炒。鸡丁变色后放入刚才炒好的胡萝卜丁和土豆丁。

❹ 倒入热水，没过所有食材，大火烧开，小火煮8分钟。

❺ 放入咖喱块，用铲子轻轻搅拌至咖喱块融化。

❻ 放入适量的盐调味，小火煮至汤汁变得浓稠，关火即可出锅。浇在米饭上食用。

★ Tips ★

鸡肉非常易熟，节省妈妈的烹调时间。如果有时间料理，可以把鸡肉更换成牛肉，就是咖喱牛肉啦。

培根蘑菇卷

宝宝的手抓食物，促进宝宝手眼协调。

原料

培根1包、金针菇一小把、油适量

做法

1 将培根片切两半，备用。

2 每片培根里裹进适量金针菇，用牙签固定好。

3 锅里放油，将培根卷放入锅中，用小火煎，两面翻一下。培根本身就是熟的，加热一下即可。金针菇也是遇热后很容易烹熟的食材。

4 出锅后即可食用。

★ Tips ★

在给宝宝吃之前，可以把牙签的尖头用手掰去，以防扎伤宝宝。

图书在版编目（CIP）数据

10分钟轻松做辅食 / 李菁著.
—— 北京：北京联合出版公司，2015.7

ISBN 978-7-5502-5615-6

Ⅰ.①1… Ⅱ.①李… Ⅲ.①婴幼儿—食谱 Ⅳ.
①TS972.162

中国版本图书馆CIP数据核字(2015)第135716号

10分钟轻松做辅食

项目策划　紫图图书ZITO®
丛书主编　黄利　监制　万夏

作　者　李　菁
责任编辑　昝亚会　徐秀琴
特约编辑　李媛媛
装帧设计　紫图图书ZITO®
封面设计　紫图装帧

北京联合出版公司出版
（北京市西城区德外大街83号楼9层　100088）
小森印刷（北京）有限公司　新华书店经销
30千字　710毫米×1000毫米　1/16　12印张
2015年7月第1版　2016年1月第2次印刷
ISBN 978-7-5502-5615-6
定价：39.90元

内容简介

爱自己的女人会调养

出版社：江西科学技术出版社
定价：39.9 元　开本：16 开
出版日期：2015-5

百万级畅销书《手到病自除》作者
中华反射疗法推广第一人、中国科学家协会理事
最爱北京《养生堂》等中国各大卫视养生节目欢迎的健康老人
杨奕奶奶　写给女性一生的体质保养书
2015 专为女性健康量身打造的暖心之作
这是中国万千读者心中的"邻家老奶奶"，自然反射疗法专家杨奕老师为中国女性奉献的一部体质养护宝典。在杨奕奶奶 75 岁高龄之际写就的这部心血之作中，她将自己一生中所积累的、经过无数人亲身验证有效的养生经验分享于世，专门针对女性一生最焦虑最关心的如痛经、月经不调、乳腺增生、宫寒、孕产期、更年期等问题给出了手到病除的解决方法。

内容简介

吃法决定活法

出版社：江西科学技术出版社
定价：39.9 元　开本：16 开
出版日期：2015-1

陈允斌 中国简易食疗推广第一人
中央电视台、湖南卫视、全国各大卫视养生节目人气嘉宾
超级畅销书《回家吃饭的智慧》《茶包小偏方，喝出大健康》作者
无私公开家族四代相传的 24 节气食疗秘方——
《吃法决定活法：四季养命食方》
随书赠送陈允斌四季养命食方速查速用全彩拉页
这是一本读完后对四季食材顿生敬畏之心的书，书中所荐四季食方是允斌老师家中四代祖传，精心配伍，专为人生春夏秋冬的每个节气"度身订做"，其中所配食材在菜市都能买到。能真心帮助我们一家老小吃对家常便饭不生病，让日子过得平平安安。

内容简介

子宫卵巢，女人一切美好的开始

出版社：江西科学技术出版社
定价：39.9 元　开本：16 开
出版日期：2015-6

子宫和卵巢是女性特有的器官，是孕育生命的摇篮。照顾好子宫和卵巢，就是照顾好女人一生的健康与幸福。现代女性很容易忽略攸关自己美的幸福之源——子宫和卵巢，一不小心就面临严峻的健康问题，痛苦不已。

本书是专门为女性朋友们量身打造的子宫卵巢健康保养书，内容详实而具有科学性，通过对本书的阅读，可以使女性朋友更正确地认识子宫、卵巢的重要性，并且教会如何呵护自己的子宫和卵巢，为女人一生的健康上一份保险。

除此，本书中还有许多专家传授的关于女生保护子宫和卵巢的秘诀，如调养子宫、卵巢的好食物，好药材，好运动等。

内容简介

乳房健康书

出版社：江西科学技术出版社
定价：36 元　开本：16 开
出版日期：2014-1

《子宫健康书》之后，关爱中国白领女性的福音书。赵薇、杨幂、李冰冰、海清、伊能静、周迅、白百何、蒋勤勤、赵雅芝……等众多明星亲身参与的中华粉红丝带乳腺癌防治活动指定读物。

近 60 种作者家传、并经 30 年临床验证、深受广大白领女性欢迎的食疗、经穴等外调内养美乳、丰胸、祛病妙方；生活中会导致乳房下垂、萎缩、甚至生病的习惯和误区；在家就可以做的简单有效的乳房自检方法，让您少走弯路；哺乳期最易遇到的乳房问题解决办法。

这是一本让女性从外到内都保持年轻态的快乐之书，教您在当下压力巨大的工作、生活、感情环境中，如何养护乳房"挺得起、不长瘤、美到老"的医学知识和实用食疗知识。

**放心喂母乳：不松弛
不下垂 不外扩**

出版社：江西科学技术出版社
定价：36 元　开本：16 开
出版日期：2014-7

京城通乳圣手、三甲医院乳腺科专家
王文华大夫教您最科学的母乳喂养方法
让妈妈身材不松弛、不下垂、不外扩。彻底解决新妈
妈哺乳期各种"妇产科医生不管、外科医生不问、儿
科医生不理"问题。保证让年轻妈妈在哺乳期后乳房
更迷人、身材更性感；被近百万新妈妈誉为"京城通
乳圣手"的中国母乳喂养指导专家、乳腺科专家王文
华大夫与你真情分享。

坐月子体质调养圣经

出版社：江西科学技术出版社
定价：68 元　开本：16 开
出版日期：2014-5

台湾地区第一女中医、明星私人医生
徐医师透过中医养生的观点，综合西医的临床诊断，
从怀孕期到产后坐月子，解答所有妈咪会遇到的症
状，从如何预防到病症的治疗，透过中医食补的方
式，让妈妈不用三天两头跑医院！并设计出 75 道多
变月子菜单，结合药膳滋养以及现代西方营养守则，
针对产后妈咪补气养神，以中医和缓、渐进的方式来
调整体质，让你脱胎换骨、健康美丽一辈子。

最权威、最详细、最实用的超级酵素饮食手册
日本酵素营养学专家鹤见隆史为您量身打造
史上最完美的一周七天、一日三餐酵素健康饮食法

超级酵素食物＆果汁

出版社：吉林科学技术出版社

定价：39.9 元　开本：16 开

出版日期：2015-4

酵素，风靡全世界的健康时尚新信仰！《发酵酵素圣经》是
一本最适合中国人体质的发酵酵素圣经，常吃酵素能排毒养
颜、减肥瘦身、增强体质、减缓衰老！
酵素还能改善失眠、疲劳、便秘、虚寒、记忆力减退！针对
人体不同体质，50 多种营养酵素让您细心呵护每一位亲友！

发酵酵素圣经

出版社：江西科学技术出版社

定价：39.9 元　开本：32 开

出版日期：2015-1

酵素：正在风行全球的抗衰老革命

出版社：吉林科学技术出版社

定价：38 元　开本：32 开

出版日期：2014-9

神奇的酵素蔬果汁

出版社：吉林科学技术出版社

定价：49.9 元　开本：16 开

出版日期：2014-11

**让你年轻 10 岁的酵素蔬果汁：
喝出不生病的好体质**

出版社：江西科学技术出版社

定价：32 元　开本：32 开

出版日期：2014-2